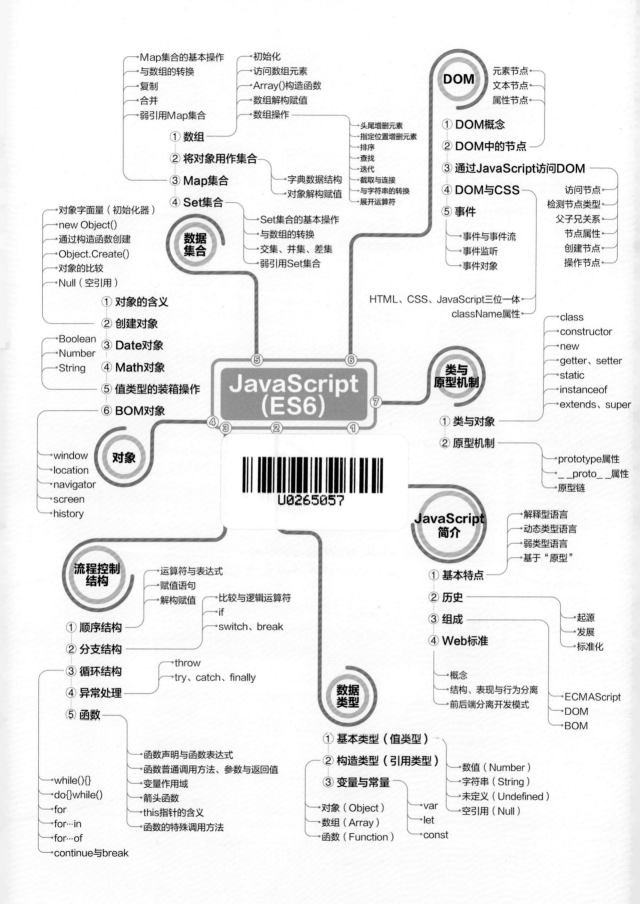

DOM
- 元素节点
- 文本节点
- 属性节点

① DOM概念
② DOM中的节点
③ 通过JavaScript访问DOM
④ DOM与CSS
⑤ 事件
- 访问节点
- 检测节点类型
- 父子兄关系
- 节点属性
- 创建节点
- 操作节点

- 事件与事件流
- 事件监听
- 事件对象

HTML、CSS、JavaScript三位一体
className属性

数据集合

- Map集合的基本操作
- 与数组的转换
- 复制
- 合并
- 弱引用Map集合

- 初始化
- 访问数组元素
- Array()构造函数
- 数组解构赋值
- 数组操作
  - 头尾增删元素
  - 指定位置增删元素
  - 排序
  - 查找
  - 迭代
  - 截取与连接
  - 与字符串的转换
  - 展开运算符

① 数组
② 将对象用作集合
③ Map集合
④ Set集合

- 字典数据结构
- 对象解构赋值

- Set集合的基本操作
- 与数组的转换
- 交集、并集、差集
- 弱引用Set集合

对象

- 对象字面量（初始化器）
- new Object()
- 通过构造函数创建
- Object.Create()
- 对象的比较
- Null（空引用）

- Boolean
- Number
- String

① 对象的含义
② 创建对象
③ Date对象
④ Math对象
⑤ 值类型的装箱操作
⑥ BOM对象

- window
- location
- navigator
- screen
- history

JavaScript (ES6)

⑤ ⑥ ⑦

④ ③ ② ①

U0265057

类与原型机制
- class
- constructor
- new
- getter、setter
- static
- instanceof
- extends、super

① 类与对象
② 原型机制
- prototype属性
- __proto__属性
- 原型链

JavaScript简介
- 解释型语言
- 动态类型语言
- 弱类型语言
- 基于"原型"

① 基本特点
② 历史
③ 组成
④ Web标准
- 起源
- 发展
- 标准化

- 概念
- 结构、表现与行为分离
- 前后端分离开发模式

- ECMAScript
- DOM
- BOM

流程控制结构

- 运算符与表达式
- 赋值语句
- 解构赋值
  - 比较与逻辑运算符
  - if
  - switch、break

① 顺序结构
② 分支结构
③ 循环结构
④ 异常处理
⑤ 函数

- throw
- try、catch、finally

- while(){}
- do{}while()
- for
- for…in
- for…of
- continue与break

- 函数声明与函数表达式
- 函数普通调用方法、参数与返回值
- 变量作用域
- 箭头函数
- this指针的含义
- 函数的特殊调用方法

数据类型

① 基本类型（值类型）
② 构造类型（引用类型）
③ 变量与常量

- 对象（Object）
- 数组（Array）
- 函数（Function）

- 数值（Number）
- 字符串（String）
- 未定义（Undefined）
- 空引用（Null）

- var
- let
- const

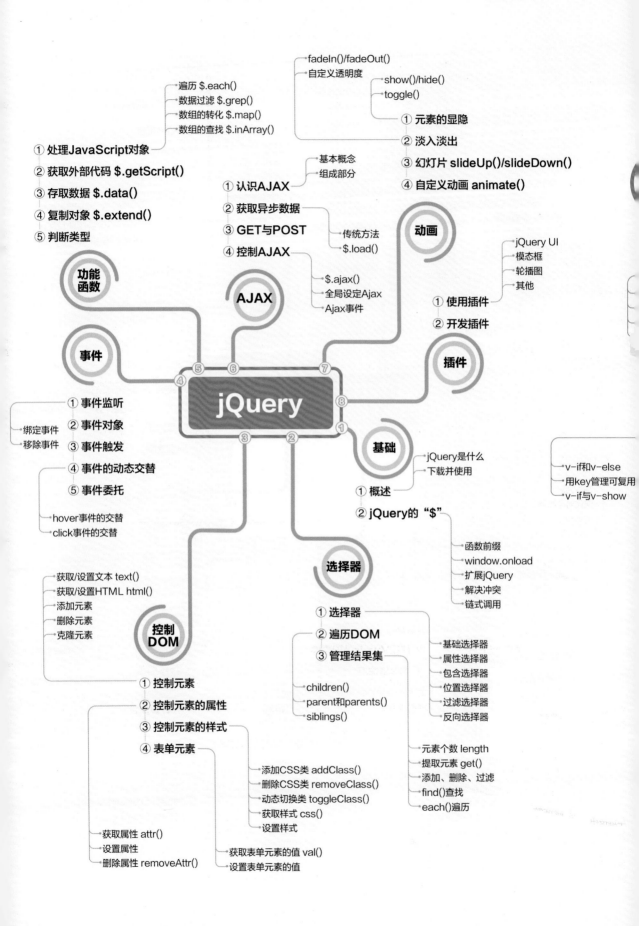

遍历 $.each()
数据过滤 $.grep()
数组的转化 $.map()
数组的查找 $.inArray()

fadeIn()/fadeOut()
自定义透明度

show()/hide()
toggle()

① 元素的显隐
② 淡入淡出
③ 幻灯片 slideUp()/slideDown()
④ 自定义动画 animate()

① 处理JavaScript对象
② 获取外部代码 $.getScript()
③ 存取数据 $.data()
④ 复制对象 $.extend()
⑤ 判断类型

基本概念
组成部分

① 认识AJAX
② 获取异步数据
③ GET与POST
④ 控制AJAX

传统方法
$.load()

动画

jQuery UI
模态框
轮播图
其他

功能函数

$.ajax()
全局设定Ajax
Ajax事件

① 使用插件
② 开发插件

AJAX

插件

jQuery

事件

⑤ ⑥ ⑦

④

③ ② ①

⑧

① 事件监听
② 事件对象
③ 事件触发
④ 事件的动态交替
⑤ 事件委托

绑定事件
移除事件

hover事件的交替
click事件的交替

基础

jQuery是什么
下载并使用

① 概述
② jQuery的 "$"

v-if和v-else
用key管理可复用
v-if与v-show

函数前缀
window.onload
扩展jQuery
解决冲突
链式调用

获取/设置文本 text()
获取/设置HTML html()
添加元素
删除元素
克隆元素

控制DOM

选择器

① 选择器
② 遍历DOM
③ 管理结果集

基础选择器
属性选择器
包含选择器
位置选择器
过滤选择器
反向选择器

① 控制元素
② 控制元素的属性
③ 控制元素的样式
④ 表单元素

children()
parent和parents()
siblings()

元素个数 length
提取元素 get()
添加、删除、过滤
find()查找
each()遍历

添加CSS类 addClass()
删除CSS类 removeClass()
动态切换类 toggleClass()
获取样式 css()
设置样式

获取属性 attr()
设置属性
删除属性 removeAttr()

获取表单元素的值 val()
设置表单元素的值

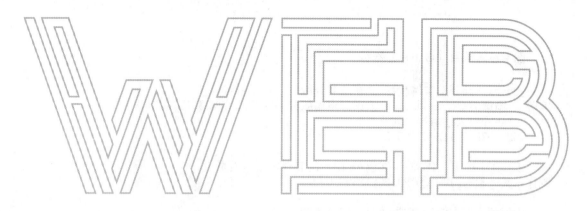

Web 开发人才培养系列丛书　　全栈开发工程师团队精心打磨新品力作

jQuery

Web开发案例教程

在线实训版

前沿科技 温谦 ◉编著

人民邮电出版社

北　京

图书在版编目（ＣＩＰ）数据

jQuery Web开发案例教程：在线实训版 / 前沿科技
编著；温谦编著. -- 北京：人民邮电出版社，2022.5（2023.1重印）
（Web开发人才培养系列丛书）
ISBN 978-7-115-57785-6

Ⅰ．①j… Ⅱ．①前… ②温… Ⅲ．①JAVA语言－网页
制作工具－教材 Ⅳ．①TP312②TP393.092

中国版本图书馆CIP数据核字(2021)第222827号

内 容 提 要

随着互联网技术的不断发展，JavaScript 语言及相关技术越来越受到人们的关注，JavaScript 框架层出不穷。jQuery 作为 JavaScript 框架中的优秀代表，为广大开发者提供了诸多便利，持久地占据着 Web 前端开发技术中的重要位置。

本书分为上下两篇，通过丰富的实例详细讲解 jQuery 框架的相关技术。本书上篇会针对 jQuery 基础知识，以及选择器、控制 DOM、事件、AJAX、动画、插件等专题进行深入讲解，这一部分将重点通过应用和案例来讲解实战问题。本书下篇会通过 5 个综合实例，完整地演示使用 jQuery 进行综合项目开发的过程，使读者能够真正地将 jQuery 应用到真实的项目开发环节中，并对 Web 前端的工程化有所认知。本书内容翔实、结构框架清晰、讲解循序渐进，并注重各章以及实例之间的呼应与对照。

本书既可以作为高等院校相关专业网页设计与制作、前端开发等课程的教材，也可以作为 jQuery 初学者的入门用书，还可以作为高级用户进一步学习相关技术的参考资料。

◆ 编　　著　前沿科技　温　谦

　　责任编辑　王　宣

　　责任印制　王　郁　陈　犇

◆ 人民邮电出版社出版发行　　北京市丰台区成寿寺路 11 号
　　邮编　100164　电子邮件　315@ptpress.com.cn
　　网址　https://www.ptpress.com.cn

　三河市中晟雅豪印务有限公司印刷

◆ 开本：787×1092　1/16　　　　　　插页：1
　印张：16.25　　　　　　　　　　2022 年 5 月第 1 版
　字数：449 千字　　　　　　　　　2023 年 1 月河北第 2 次印刷

定价：69.80 元

读者服务热线：(010)81055256　印装质量热线：(010)81055316
反盗版热线：(010)81055315
广告经营许可证：京东市监广登字 20170147 号

丛书序

技术背景

随着互联网技术的快速发展，Web 前端开发作为一种新兴的职业，仍在高速发展之中。与此同时，Web 前端开发逐渐成为各种软件开发的基础，除了原来的网站开发，后来的移动应用开发、混合开发以及小程序开发等，都可以通过 Web 前端开发再配合相关技术加以实现。因此可以说，社会上相关企业的进一步发展，离不开大量 Web 前端开发技术人才的加盟。那么，究竟应该如何培养 Web 前端开发技术人才呢？

Web 前端开发
技术人才需求
分析

技术背景

为了培养满足社会企业需求的 Web 前端开发技术人才，本丛书的编者以实际案例和实战项目为依托，从 3 种语言（HTML5、CSS3、JavaScript）和 3 个框架（jQuery、Vue.js、Bootstrap）入手进行整体布局，编写完成本丛书。在知识体系层面，本丛书可使读者同时掌握 Web 前端开发相关语言和框架的理论知识；在能力培养层面，本丛书可使读者在掌握相关理论的前提下，通过实践训练获得 Web 前端开发实战技能。本丛书的信息如下。

丛书信息表

序号	书名	书号
1	HTML5+CSS3 Web 开发案例教程（在线实训版）	978-7-115-57784-9
2	HTML5+CSS3+JavaScript Web 开发案例教程（在线实训版）	978-7-115-57754-2
3	JavaScript+jQuery Web 开发案例教程（在线实训版）	978-7-115-57753-5
4	jQuery Web 开发案例教程（在线实训版）	978-7-115-57785-6
5	jQuery+Bootstrap Web 开发案例教程（在线实训版）	978-7-115-57786-3
6	JavaScript+Vue.js Web 开发案例教程（在线实训版）	978-7-115-57817-4
7	Vue.js Web 开发案例教程（在线实训版）	978-7-115-57755-9
8	Vue.js+Bootstrap Web 开发案例教程（在线实训版）	978-7-115-57752-8

从技术角度来说，HTML5、CSS3 和 JavaScript 这 3 种语言分别用于编写 Web 页面的"结构""样式"和"行为"。这 3 种语言"三位一体"，是所有 Web 前端开发者必备的核心基础知识。jQuery 和 Vue.js 作为两个主流框架，用于对 Web 前端开发逻辑的实现提供支撑。在实际开发中，开发者通常会在 jQuery 和 Vue.js 中选一个，而不会同时使用它们。Bootstrap 则是一个用于实现 Web 前端高效开发的展示层框架。

本丛书涉及的都是当前业界主流的语言和框架，它们在实践中已被广泛使用。读者掌握了这些技术后，在工作中将会拥有较宽的选择面和较强的适应性。此外，为了满足不同基础和兴趣的读者的学习需求，我们给出以下两条学习路线。

第一条学习路线：首先学习"HTML5+CSS3"，掌握静态网页的制作技术；然后学习交互式网页的制作技术及相关框架，即学习涉及 jQuery 或 Vue.js 框架的 JavaScript 图书。

第二条学习路线：首先学习"HTML5+CSS3+JavaScript"，然后选择 jQuery 或 Vue.js 图书进行学习；如果读者对 Bootstrap 感兴趣，也可以选择包含 Bootstrap 的 jQuery 或 Vue.js 图书。

本丛书涵盖的各种技术所涉及的核心知识点，详见本书彩插中所示的 6 个知识导图。

丛书特点

1．知识体系完整，内容架构合理，语言通俗易懂

本丛书基本覆盖了 Web 前端开发所涉及的核心技术，同时，各本书又独立形成了各自的内容架构，并从基础内容到核心原理，再到工程实践，深入浅出地讲解了相关语言和框架的概念、原理以及案例；此外，在各本书中还对相关领域近年发展起来的新技术、新内容进行了拓展讲解，以满足读者能力进阶的需求。丛书内容架构合理，语言通俗易懂，可以帮助读者快速进入 Web 前端开发领域。

2．以案例讲解贯穿全文，凭项目实战提升技能

本丛书所包含的各本书中（配合相关技术原理讲解）均在一定程度上循序渐进地融入了足量案例，以帮助读者更好地理解相关技术原理，掌握相关理论知识；此外，在适当的章节中，编者精心编排了综合实战项目，以帮助读者从宏观分析的角度入手，面向比较综合的实际任务，提升 Web 前端开发实战技能。

3．提供在线实训平台，支撑开展实战演练

为了使本丛书所含各本书中的案例的作用最大化，以最大程度地提高读者的实战技能，我们开发了针对本丛书的"在线实训平台"。读者可以登录该平台，选择您当下所学的某本书并进入对应的案例实操页面，然后在该页面中（通过下拉列表）选择并查看各章案例的源代码及其运行效果；同时，您也可以对源代码进行复制、修改、还原等操作，并且可以实时查看源代码被修改后的运行效果，以实现实战演练，进而帮助自己快速提升实战技能。

4．配套立体化教学资源，支持混合式教学模式

为了使读者能够基于本丛书更高效地学习 Web 前端开发相关技术，我们打造了与本丛书相配套的立体化教学资源，包括文本类、视频类、案例类和平台类等，读者可以通过人邮教育社区（www.ryjiaoyu.com）进行下载。此外，利用书中的微课视频，通过丛书配套的"在线实训平台"，院校教师（基于网课软件）可以开展线上线下混合式教学。

- 文本类：PPT、教案、教学大纲、课后习题及答案等。
- 视频类：拓展视频、微课视频等。
- 案例类：案例库、源代码、实战项目、相关软件安装包等。
- 平台类：在线实训平台、前沿技术社区、教师服务与交流群等。

读者服务

本丛书的编者连同出版社为读者提供了以下服务方式/平台，以更好地帮助读者进行理论学习、技能训练以及问题交流。

1．人邮教育社区（http://www.ryjiaoyu.com）

通过该社区搜索具体图书，读者可以获取本书相关的最新出版信息，下载本书配套的立体化教学资源，包括一些专门为任课教师准备的拓展教辅资源。

2．在线实训平台（http://code.artech.cn）

在线实训平台
使用说明

通过该平台，读者可以在不安装任何开发软件的情况下，查看书中所有案例的源代码及其运行效果，同时也可以对源代码进行复制、修改、还原等操作，并实时查看源代码被修改后的运行效果。

3．前沿技术社区（http://www.artech.cn）

该社区是由本丛书编者主持的、面向所有读者且聚焦 Web 开发相关技术的社区。编者会通过该社区与所有读者进行交流，回答读者的提问。读者也可以通过该社区分享学习心得、共同提升技能。

4．教师服务与交流群（QQ 群号：368845661）

扫码加入教师
服务与交流群

该群是人民邮电出版社和本丛书编者一起建立的、专门为一线教师提供教学服务的群（仅限教师加入），同时，该群也可供相关领域的一线教师互相交流、探讨教学问题，扎实提高教学水平。

丛书评审

为了使本丛书能够满足院校的实际教学需求，帮助院校培养 Web 前端开发技术人才，我们邀请了多位院校一线教师，如刘伯成、石雷、刘德山、范玉玲、石彬、龙军、胡洪波、生力军、袁伟、袁乖宁、解欢庆等，对本丛书所含各本书的整体技术框架和具体知识内容进行了全方位的评审把关，以期通过"校企社"三方合力打造精品力作的模式，为高校提供内容优质的精品教材。在此，衷心感谢院校的各位评审专家为本丛书所提出的宝贵修改意见与建议。

致　谢

本丛书由前沿科技的温谦编著，编写工作的核心参与者还包括姚威和谷云婷这两位年轻的开发者，他们都为本丛书的编写贡献了重要力量，付出了巨大努力，在此向他们表示衷心感谢。同时，我要再次由衷地感谢各位评审专家为本丛书所提出的宝贵修改意见与建议，没有你们的专业评审，就没有本丛书的高质量出版。最后，我要向人民邮电出版社的各位编辑表示衷心的感谢。作为一名热爱技术的写作者，我与人民邮电出版社的合作已经持续了二十多年，先后与多位编辑进行过合作，并与他们建立了深厚的友谊。他们始终保持着专业高效的工作水准和真诚敬业的工作态度，没有他们的付出，就不会有本丛书的出版！

联系我们

作为本丛书的编者，我特别希望了解一线教师对本丛书的内容是否满意。如果您在教学或学习的过程中遇到了问题或者困难，请您通过"前沿技术社区"或"教师服务与交流群"联系我们，我们会尽快给您答复。另外，如果您有什么奇思妙想，也不妨分享给大家，让大家共同探讨、一起进步。

最后，祝愿选用本丛书的一线教师能够顺利开展相关课程的教学工作，为祖国培养更多人才；同时，也祝愿读者朋友通过学习本丛书，能够早日成为 Web 前端开发领域的技术型人才。

温　谦
资深全栈开发工程师
前沿科技 CTO

前　言

　　jQuery 作为一种非常成熟的 JavaScript 框架，据统计，在高峰时全世界有 80%～90%的网站使用了它。尽管近年来出现了 Vue.js 等新框架，但是世界上仍有大量运行中的系统是基于 jQuery 开发的，因此作为一名 Web 前端开发人员，掌握 jQuery 是非常必要的。加之 jQuery "少写、多做"的理念，让前端开发人员能够非常快捷地完成很多开发工作，大大提升了工作效率，因此 jQuery 几乎受到了所有前端开发人员的欢迎。

　　本书将通过大量实例深入讲解使用 jQuery 进行前端开发的概念、原理和方法。

编写思路

　　本书对 jQuery 的使用方法进行了讲解，特别突出了"先选取、后操作"的 jQuery 的基本思想。在 jQuery 基础篇，重点通过实战案例，深入讲解 jQuery 的基础知识以及选择器、控制 DOM、事件、AJAX、动画、插件等专题。在 jQuery 综合实例篇，通过 5 个综合实例完整地演示了使用 jQuery 进行综合项目开发的过程，使读者能够真正地将 jQuery 应用到真实的项目开发环节中，并对 Web 前端工程化有所认知。本书十分重视"知识体系"和"案例体系"的构建，并且通过不同案例对相关知识点进行说明，以期培养读者在 Web 前端开发领域的实战技能。读者可以扫码预览本书各章案例。

各章案例预览

特别说明

　　（1）学习本书所需的前置知识是 HTML5、CSS3 和 JavaScript 这 3 种基础语言。读者可以参考本书配套的知识导图，检验自己对相关知识的掌握程度。

　　（2）学习本书时，读者特别需要重视对 DOM 的理解。jQuery 最核心的功能就是帮助开发人员方便、快捷地操作 DOM 元素。因此，掌握了对 DOM 元素的灵活操作方法，读者也就掌握了 jQuery 的灵魂。

　　（3）本书最后一章通过一个综合实例讲解了一些关于前端工程化的知识，读者可将其作为基础知识的扩展。

　　最后，祝愿读者学习愉快，早日成为一名优秀的 Web 前端开发者。

温　谦

2021 年冬于北京

目 录

第 4 章
使用 jQuery 控制 DOM

第 5 章
jQuery 事件

第 6 章
jQuery 的功能函数

第 7 章
jQuery 与 AJAX

第 8 章
利用 jQuery 制作动画与特效

第 9 章
jQuery 插件

下篇　jQuery综合实例篇

第 10 章
综合实例一：网页留言本

第 11 章
综合实例二：网络相册

第 12 章
综合实例三：交互式流量套餐选择页面

第 13 章
综合实例四：网页图片剪裁器

第 14 章
综合实例五：前端工程化

jQuery
基础篇

第1章 jQuery 基础

随着 JavaScript、CSS（cascading style sheets，串联样式表）、DOM（document object model，文档对象模型）、AJAX（asynchronous JavaScript and XML，异步 JavaScript 和 XML）等技术的不断进步，越来越多的开发者将一个又一个丰富多彩的功能进行封装，供更多的人在遇到类似的情况时使用，jQuery 就是这类封装工具中优秀的一员。从本章开始，本书将陆续介绍 jQuery 的相关知识。本章重点讲解 jQuery 的概念以及一些简单的基础运用。本章思维导图如下。

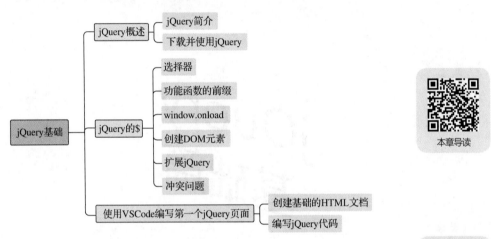

本章导读

1.1 jQuery 概述

知识点讲解

本节重点介绍 jQuery 的概念和功能，以及如何下载和使用 jQuery。

1.1.1 jQuery 简介

简单来说，jQuery 是一个优秀的 JavaScript 框架，它能帮助用户更方便地处理 HTML（hypertext markup Language，超文本标记语言）文档、事件、动画效果、AJAX 交互等。它的出现极大地改变了开发者使用 JavaScript 的习惯，掀起了一场新的"网页革命"。

jQuery 由美国人约翰·瑞森（John Resig）于 2006 年创建，至今已吸引了来自世界各地众多的 JavaScript 高手加入其团队。最开始的时候，jQuery 所提供的功能非常有限，其仅可以增强 CSS 的选择器功能。随着时间的推移，jQuery 的新版本一个接一个地发布，它也越来越受到人们的关注。

如今 jQuery 已经发展成集 JavaScript、CSS、DOM、AJAX 功能于一体的强大框架，使用它可以通过简单的代码方便地实现各种网页效果。它的宗旨就是让开发者写更少的代码，做更多的事情（write less，do more）。

目前 jQuery 主要提供了如下功能。

- **访问页面框架的局部**。DOM 获取页面中某个节点或者某一类节点有固定的方法，而 jQuery 则大大简化了其操作步骤。
- **修改页面的表现**。CSS 的主要功能就是通过样式类来修改页面的表现。然而由于各个浏览器对 CSS3 标准的支持程度不同，使得 CSS 的很多特性没能很好地体现。jQuery 很好地解决了这个问题，通过其中封装好的 JavaScript 代码，各种浏览器都能很好地使用 CSS3 标准，这极大地丰富了 CSS 的运用。
- **更改页面的内容**。通过强大而方便的 API（application program interface，应用程序接口），jQuery 可以很方便地修改页面的内容，包括文本的内容、图片表单的选项甚至整个页面的框架等。
- **响应事件**。jQuery 可以更加方便地处理事件，这使得开发者不再需要考虑令人讨厌的浏览器兼容性问题。
- **为页面添加动画**。通常在页面中添加动画都需要大量的 JavaScript 代码，而 jQuery 大大简化了这一过程。jQuery 提供了大量可自定义参数的动画效果。
- **与服务器异步交互**。jQuery 提供了一整套与 AJAX 相关的操作，大大方便了异步交互的开发和使用。
- **简化常用的 JavaScript 操作**。jQuery 提供了很多附加的功能来简化常用的 JavaScript 操作，例如数组运算、迭代运算等。

1.1.2　下载并使用 jQuery

jQuery 的官网会提供最新的 jQuery 框架，如图 1.1 所示。通常只需要下载压缩过的（compressed）jQuery 包即可。本书的例子使用的是 3.6.0 版本的 jQuery。

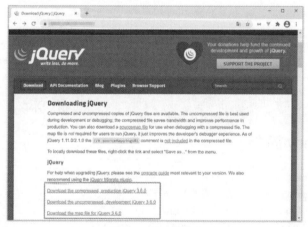

图 1.1　jQuery 官网

下载完成后不需要任何安装过程，直接将下载的 JS 文件用<script>标记导入自己的页面即可，如下所示：

```
<script src="jquery-3.6.0.min.js"></script>
```

导入 JS 文件后，便可以按照 jQuery 的语法规则使用它了。

< 3 >

1.2 jQuery 的$

在 jQuery 中，被频繁使用的符号莫过于$，使用它能实现各种各样丰富的功能，包括选择页面中的一个或一类元素、作为功能函数的前缀、完善 window.onload 函数的功能、创建页面的 DOM 节点等。本节主要介绍 jQuery 中$的使用方法，以作为后文的基础。

1.2.1 选择器

在 CSS 中选择器的作用是选择页面中某一类元素（类别选择器）或某一个元素（id 选择器），而 jQuery 中的$作为选择器标识，其作用同样是选择某一类或某一个元素，只不过 jQuery 提供了更多、更全面的选择方式，并且为用户处理了浏览器的兼容问题。

例如在 CSS 中可以通过如下代码来选择<h2>标记下包含的所有子标记<a>，然后添加相应的样式：

```
1  h2 a{
2      /* 添加 CSS 样式 */
3  }
```

而在 jQuery 中，则可以通过如下代码来选择<h2>标记下包含的所有子标记<a>，并将其作为对象数组，供 JavaScript 调用：

```
$("h2 a")
```

下面的例子演示了$选择器的使用，文档中有两个<h2>标记，各包含一个子标记<a>，实例文件请参考本书配套的资源文件：第 1 章\1-1.html。

```
1   <!DOCTYPE html>
2   <html>
3   <head>
4    <title>$选择器</title>
5   </head>
6   <body>
7    <h2><a href="#">正文</a>内容</h2>
8    <h2>正文<a href="#">内容</a></h2>
9
10   <script src="jquery-3.6.0.min.js"></script>
11   <script>
12    window.onload = function(){
13      let oElements = $("h2 a");    //选择匹配的元素
14      for(let i=0;i<oElements.length;i++)
15        oElements[i].innerHTML = i.toString();
16    }
17   </script>
18  </body>
19  </html>
```

以上代码的运行结果如图 1.2 所示。可以看到 jQuery 很方便地实现了元素的选择。如果使用 DOM，类似节点的选择则需要用到大量的 JavaScript 代码。

< 4 >

图 1.2 $选择器

在 jQuery 中，选择器的通用语法为：

```
$(selector)
```

或者：

```
jQuery(selector)
```

其中 selector 符合 CSS3 标准。下面列出了 jQuery 选择元素的一些典型的例子：

```
$ ("#showDiv")
```

id 选择器，相当于 JavaScript 中的 document.getElementById("#showDiv")，可以看到 jQuery 的表示方法简捷很多。

```
$(".SomeClass")
```

类别选择器，选择 CSS 类别为 SomeClass 的所有元素，而在 JavaScript 中要实现相同的选择，则需要用 for 循环遍历整个 DOM。

```
$("p:odd")
```

选择所有位于奇数行的<p>标记。几乎所有的标记都可以使用:odd 和:even 来实现奇偶的选择。

```
$("td:nth-child(1)")
```

选择表格所有的行的第一个单元格，即表格的第一列。这在修改表格某一列的属性时非常有用，因为不再需要一行一行地遍历表格。

```
$("li > a")
```

子选择器，返回<li>标记的所有子标记<a>，不包括孙标记。

```
$("a[href$=pdf]")
```

选择所有超链接，并且这些超链接的 href 属性是以 pdf 结尾的。有了属性选择器，就可以很好地选择页面中的各种特性元素。关于 jQuery 的选择器的使用还有很多技巧，后文会陆续介绍。

在 jQuery 中，符号$其实等同于 jQuery，从 jQuery 的源代码中可以看出这一点，如下所示：

```
1   var
2       // Map over jQuery in case of overwrite
3       _jQuery = window.jQuery,
4       // Map over the $ in case of overwrite
5       _$ = window.$;
6
7   jQuery.noConflict = function( deep ) {
8       if ( window.$ === jQuery ) {
9           window.$ = _$;
10      }
11      if ( deep && window.jQuery === jQuery ) {
```

< 5 >

```
12          window.jQuery = _jQuery;
13      }
14      return jQuery;
15  };
16
17  // Expose jQuery and $ identifiers, even in AMD
18  // (#7102#comment:10,           github.com/jquery/jquery/pull/557)
19  // and CommonJS for browser emulators (#13566)
20  if ( typeof noGlobal === "undefined" ) {
21      window.jQuery = window.$ = jQuery;
22  }
```

为了编写代码方便，通常都使用$来代替 jQuery。

1.2.2 功能函数的前缀

在 JavaScript 中，开发者经常需要编写一些"小函数"来处理各种操作细节，例如在用户提交表单时，需要将输入框中最前端和最末端的空格清除。JavaScript 直到 ES6 才提供了类似 trim()的功能，在引入 jQuery 后，便可直接使用 trim()函数，如下所示：

```
$.trim(sString);
```

以上代码相当于：

```
jQuery.trim(sString);
```

即 trim()函数是 jQuery 对象的一个函数，下面用它进行简单的检验，如下所示，实例文件请参考本书配套的资源文件：第 1 章\1-2.html。

```
1  <body>
2    <script src="jquery-3.6.0.min.js"></script>
3    <script>
4      let sString = "  1234567890 ";
5      sString = $.trim(sString);
6      alert(sString.length);
7    </script>
8  </body>
```

以上代码的运行结果如图 1.3 所示，字符串 sString 首尾的空格都被 jQuery 去掉了。

图 1.3 $.trim()方法

jQuery 中类似这样的功能函数有很多，而且涉及 JavaScript 的方方面面，后文会陆续介绍它们。

1.2.3 window.onload

由于页面的 HTML 框架需要在页面完全加载后才能使用，因此在 DOM 编程时，window.onload 函数会频繁地被使用。倘若页面中有多处都需要使用该函数，或者其他

JS 文件中也包含该函数，那么冲突问题将十分棘手。

　　jQuery 中的 ready()很好地解决了上述问题，它能够自动将其中的函数在页面加载完成后运行，并且同一个页面中可以使用多个 ready()而互不冲突，例如下面的代码，实例文件请参考本书配套的资源文件：第 1 章\1-3.html。

```
1    $(document).ready(function(){
2        console.log('加载1~');
3    });
4    console.log('加载2~');
```

　　对于上述代码，jQuery 还提供了简写方式，即可以省略其中的(document).ready 部分，如下所示：

```
1    $(function(){
2        console.log('加载1~');
3    });
4    console.log('加载2~');
```

　　以上两种加载方式的代码的运行结果一致，如图 1.4 所示。

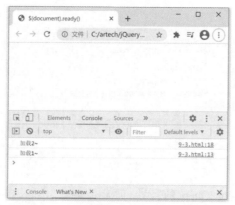

图 1.4　两种加载方式的代码的运行结果

1.2.4　创建 DOM 元素

案例讲解

　　利用 DOM 方法创建元素，通常需要将 document.createElement()、document.createTextNode()、appendChild()配合使用，十分麻烦。而 jQuery 使用$则可以直接创建 DOM 元素，如下所示：

```
let oNewP = $("<p>这是一个感人肺腑的故事</p>")
```

　　以上代码等同于 JavaScript 中的如下代码：

```
1    let oNewP = document.createElement("p");        //新建节点
2    let oText = document.createTextNode("这是一个感人肺腑的故事");
3    oNewP.appendChild(oText);
```

　　另外，jQuery 还提供了关于 DOM 元素的 insertAfter()方法，因此将上述代码改为使用 jQuery 创建 DOM 元素的代码如下，实例文件请参考本书配套的资源文件：第 1 章\1-4.html。

```
1    <!DOCTYPE html>
2    <html>
```

< 7 >

```
3    <head>
4      <title>创建 DOM 元素</title>
5    </head>
6    <body>
7      <p id="myTarget">插入这行文字之后</p>
8      <p>也就是插入这行文字之前，但这行没有 id，可能不存在</p>
9
10     <script src="jquery-3.6.0.min.js"></script>
11     <script>
12       $(function(){
13         let oNewP = $("<p>这是一个感人肺腑的故事</p>");      //创建 DOM 元素
14         oNewP.insertAfter("#myTarget");    //insertAfter()方法
15       });
16     </script>
17   </body>
18   </html>
```

运行结果如图 1.5 所示。可以看到利用 jQuery 大大缩短了代码长度，能节省编写代码的时间，并能为开发者提供便利。

图 1.5　利用 jQuery 创建 DOM 元素

1.2.5　扩展 jQuery

案例讲解

从上文案例中已经可以看出 jQuery 的强大，但无论如何，jQuery 都不可能满足所有用户的全部需求。而且有一些特殊的需求十分"小众"，不适合放入整个 jQuery 框架中来实现。jQuery 正是意识到了这一点，才允许用户自定义添加关于$的方法。

例如 jQuery 中并没有将表单元素设置为不可用的方法 disable()，用户可以自定义该方法，如下：

```
1    $.fn.disable = function(){
2      return this.each(function(){
3        if(typeof this.disabled != "undefined") {
4          this.disabled = true;
5        }
6      });
7    }
```

以上代码首先设置了$.fn.disable，表明为$添加方法 disable()，其中$.fn 是扩展 jQuery 时所必需的。

然后利用匿名函数定义这个方法，即用 each()将调用这个方法的每个元素的 disabled 属性（如果该属性存在）的值均设置为 true。具体可以参考如下代码，实例文件请参考本书配套的资源文件：第 1 章\1-5.html。

```
1    <body>
2      <p>你喜欢做些什么：
3        <input type="button" name="btnSwap" id="btnSwap" value="Disable" class="btn"
    onclick="SwapInput('hobby',this)"><br>
```

< 8 >

```
4      <input type="checkbox" name="hobby" id="book" value="book"><label
       for="book">看书</label>
5      <input type="checkbox" name="hobby" id="net" value="net"><label for="net">
       上网</label>
6      <input type="checkbox" name="hobby" id="sleep" value="sleep"><label
       for="sleep">睡觉</label>
7    </p>
8
9    <script src="jquery-3.6.0.min.js"></script>
10   <script>
11     $.fn.disable = function(){
12     //扩展jQuery，表单元素统一不可用
13     return this.each(function(){
14       if(typeof this.disabled != "undefined") this.disabled = true;
15     });
16     }
17     $.fn.enable = function(){
18     //扩展jQuery，表单元素统一可用
19     return this.each(function(){
20       if(typeof this.disabled != "undefined") this.disabled = false;
21     });
22     }
23   </script>
24 </body>
```

并且可在多选项旁设置按钮，对 disable()、enable()方法进行调用，如下所示：

```
1  function SwapInput(oName,oButton){
2      if(oButton.value == "Disable"){
3          //如果按钮的值为 Disable，则调用 disable()方法
4          $("input[name="+oName+"]").disable();
5          oButton.value = "Enable";
6      }else{
7          //如果按钮的值为 Enable，则调用 enable()方法
8          $("input[name="+oName+"]").enable();
9          oButton.value = "Disable";     //然后设置按钮的值为 Disable
10     }
11 }
```

SwapInput(oName,oButton)根据按钮的值进行判断，如果值是 Disable，则调用 disable()将元素设置为不可用，同时设置按钮的值为 Enable。如果按钮的值为 Enable，则调用 enable()方法。运行结果如图 1.6 所示。

图 1.6　扩展 jQuery

1.2.6 冲突问题

与 1.2.5 小节的情况类似，尽管 jQuery 已非常强大，但有些时候开发者依然需要使用其他的类库

<9>

框架。这时需要很小心，因为其他框架中可能也使用了$，从而就会发生冲突。jQuery 提供了 noConflict()方法来解决$的冲突问题：

```
jQuery.noConflict();
```

以上代码便可以使$按照其他 JavaScript 框架的方式运算。这时在 jQuery 中便不能再使用$，而必须使用 jQuery，例如$("div p")必须写成 jQuery("div p")。

1.3 使用 VSCode 编写第一个 jQuery 页面

案例讲解

下面继续深入学习 jQuery，我们先把所需的工具准备一下。学习 jQuery 的开发所需的工具非常简单，一个编写程序的编辑器加一个浏览器（用于查看结果）就可以了。但是不要小看开发工具，其实真正的开发者对开发工具是非常挑剔的。关于这一点，读者在成为一名真正的开发者以后会慢慢有自己的体会。

当前流行的前端开发工具之一是 Visual Studio Code（以下简称 VSCode），它是由微软公司开发的，深受广大开发者的欢迎。VSCode 是开源软件，拥有丰富的生态，并且可以跨平台使用，例如可以在 Windows、macOS 等各种操作系统上使用。

请读者先到官网下载并安装 VSCode。本节将介绍使用 VSCode 编写 jQuery 代码的方法。

1.3.1 创建基础的 HTML 文档

在网页中使用 JavaScript 的方式有嵌入式和链接式这两种，具体介绍如下。
- 嵌入式是直接在<script>标签内部写 JavaScript 代码。
- 链接式是使用<script>标签的 src 属性链接 JS 文件。

对于特别简单的代码，我们可以直接用嵌入式将代码写在 HTML 文件中。而对于比较复杂的项目，则应该认真设置程序的结构，一般都会把 JavaScript 代码单独作为独立文件，然后以链接式引入 HTML 文件。下面以嵌入式为例进行讲解，先创建基础的 HTML 文档，然后编写代码。

VSCode 是一个轻量级但功能强大的源代码编辑器，它适合用来编辑任何类型的文本文件，如果要用 VSCode 新建 HTML 文档，则可以先选择"文件"菜单中的"新建文件"命令（或者使用快捷键 Ctrl+N），这时会直接创建一个 Untitled-1 文件，如图 1.7 所示。

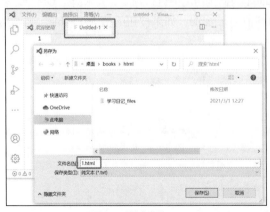

图 1.7 创建文件

< 10 >

此时文件还不是 HTML 类型的文件。选择"文件"菜单中的"保存"命令（或者使用快捷键 Ctrl+S），此时会弹出"另存为"对话框，我们选择一个文件夹，并将文件命名为 1.html（见图 1.7）。此时 VSCode 会根据文件扩展名，将该文件识别为 HTML 类型的文件，并且 Untitled-1 变成了 1.html。

创建了 HTML 文档后，我们可以快速生成 HTML 文档模板。先输入 html，VSCode 会立即给出智能提示，如图 1.8 所示。

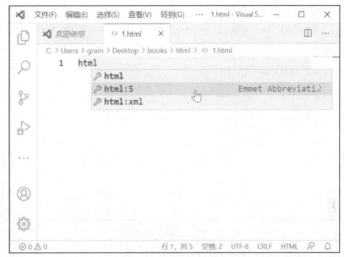

图 1.8　VSCode 给出智能提示

此时选择"html:5"，表示用 HTML5 文档模板来生成整个文档结构，代码如下：

```
1   <!DOCTYPE html>
2   <html lang="en">
3   <head>
4     <meta charset="UTF-8">
5     <meta http-equiv="X-UA-Compatible" content="IE=edge">
6     <meta name="viewport" content="width=device-width, initial-scale=1.0">
7     <title>Document</title>
8   </head>
9   <body>
10
11  </body>
12  </html>
```

可以在 VSCode 中看到基础的 HTML 文档模板，而且代码有不同的颜色，这体现了 VSCode 强大的代码着色功能。下面我们正式开始编写 jQuery 代码。

1.3.2　编写 jQuery 代码

我们首先将 jQuery 引入刚刚创建好的 HTML 文件，在<head>标签中插入如下代码：

```
<script src="jquery-3.6.0.min.js"></script>
```

接着创建一个<script>标签，用于编写与 jQuery 相关的代码。VSCode 对 JavaScript 提供智能提示功能，在<script>标签内的$(document)之后输入，这时 VSCode 中会出现一个列表，提示 jQuery 的各种方法，如图 1.9 所示。引入 jQuery 框架后，VSCode 会识别出$(document)是一个 jQuery 对象。$(document)

< 11 >

具有 jQuery 对象的一些属性，开发者可以直接进行选择，以避免记错或者输入错误，从而即可提高开发效率。VSCode 有很多类似的功能，可用于帮助开发者提升开发效率和优化代码质量。

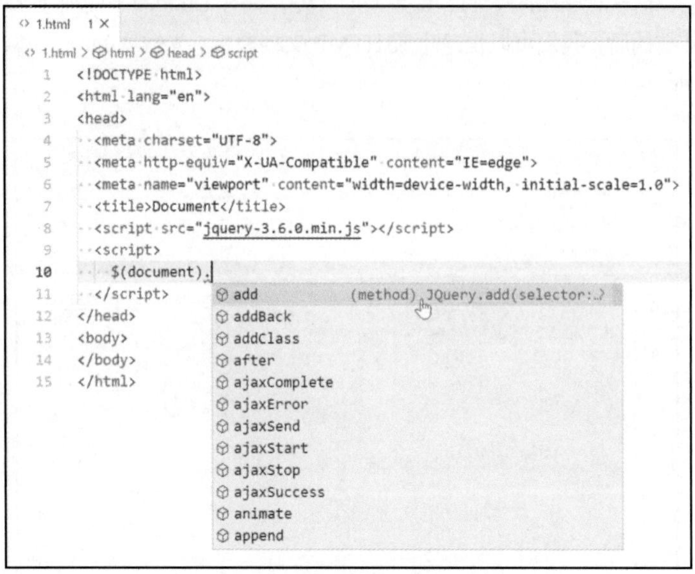

图 1.9　VSCode 的智能提示

编写完代码后要记得按 Ctrl+S 快捷键进行保存。

本章小结

　　本章首先介绍了 jQuery 的发展历程，以及它的功能；然后通过一些案例说明了 jQuery 在网页中的使用方法，并且简单介绍了如何使用 VSCode 编写代码。后文会详细介绍 jQuery 的各个功能。

习题 1

一、关键词解释

JavaScript 框架　jQuery　$　选择器　功能函数　VSCode

二、描述题

1. 请简单描述一下 JavaScript 和 jQuery 的关系。
2. 请简单描述一下 jQuery 主要提供了哪些功能。
3. 请简单描述一下对于不同种类的选择器，jQuery 是如何使用它们的。
4. 请简单描述一下页面加载方式有哪几种。

三、实操题

通过本章讲解的相关内容，实现在页面中增加目录的功能。页面中有一个输入框和一个"添加"按钮，单击"添加"按钮，会将输入框中输入的内容添加到目录列表中。需要注意以下几点：

（1）添加完内容之后，清空输入框信息；

（2）需要将添加内容的前后空格去掉；

（3）不能添加空内容。

< 12 >

添加效果如题图 1.1 所示。

题图 1.1　添加效果

< 13 >

第**2**章 HTML5、CSS3 和 JavaScript 基础知识

　　jQuery 是用于 Web 前端开发的基于 JavaScript 的框架，因此学习这个框架之前必须要掌握一定的相关基础知识，其中比较重要的就是 HTML5、CSS3 和 JavaScript 这 3 种语言。本章将选择一些重要的知识点进行讲解，如果读者能把本章介绍的内容都基本理解，那么学习后面的知识就会比较轻松。如果有不清楚的知识点，读者可以通过阅读和学习相关书籍详细了解。

　　本章将分别从 JavaScript（ES6）、HTML5 和 CSS3 这 3 个方面进行讲解。本章思维导图如下。

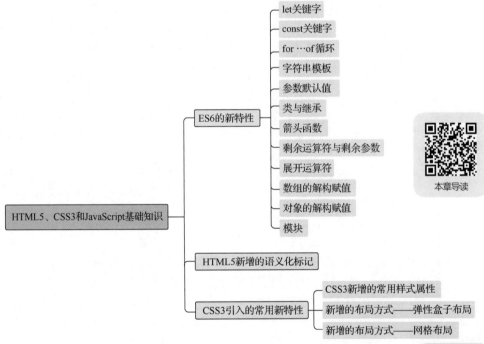

2.1　ES6 的新特性

知识点讲解

　　由于历史原因，早期的 JavaScript 存在着比较多的缺陷。2015 年，ECMAScript 2015 被发布，并成为了各大浏览器厂商共同使用的标准。ECMAScript 2015 通常被称作 ES6，是 ECMAScript 语言规范标准的第 6 个主要版本。它定义了 JavaScript 实现的标准。虽然在 ES6 之后相关组织仍然发布了几个版本，但是它们都是基于 ES6 进行完善的版本。因此，ES6 是

一个革命性的版本，它对 JavaScript 语言来说意义十分重大，可谓极大地改进了 JavaScript 语言。

从 ES5 到 ES6 经过了将近 10 年的时间，为了帮助读者快速熟悉与 ES6 相关的知识，在本节中我们将对日常 JavaScript 编程中经常会用到的一些 ES6 中引入的功能进行简单的介绍。

2.1.1　let 关键字

ES6 引入了 let 关键字用于声明变量。在 ES6 之前，JavaScript 中声明变量的唯一方法是使用 var 关键字。在 ES6 中，建议优先使用 let。

let 与 var 主要有 3 个不同点。

（1）用 var 和 let 声明的变量的作用域不同。

- 用 var 声明的变量的作用域以函数为界。
- 用 let 声明的变量的作用域以代码块为界。代码中一对匹配的花括号所标识的内容被称为一个代码块。

例如下面的代码，变量 s 是在 a>0 的分支代码块中声明的，因此后面两处对它的访问都是错误的。

```
1   function calculate(a, b){
2      if(a > 0) {
3         let s = a + b;
4      } else {
5         s = a * b;     // 错误
6      }
7      return s;         // 错误
8   }
```

需要注意的是，如果 let 声明的是循环变量，则该变量的声明位置并不在循环体中，但是它的作用域正是对应的循环体，如下所示：

```
1   // ES6
2   for(let i = 0; i < 5; i++) {
3      console.log(i);   // 0,1,2,3,4
4   }
5   console.log(i);      // undefined
```

在上面的示例中，for 循环外无法访问代码块中的变量 i。

（2）let 具有"覆盖"的性质。假设有嵌套的两个代码块，那么可以在外层和内层代码块中分别用 let 声明同名变量，这两个变量是各自独立的，在内层就只能访问内层定义的那个变量，而不能访问外层的同名变量。这被称为内层变量覆盖了外层变量。

而 var 与 let 不同，在 var 声明的变量的作用域内，不能再次声明同名变量。

（3）var 声明的变量可以在声明变量之前使用，即不管 var 声明变量发生在函数中的什么位置，都等价于在函数的开头声明，这被称为声明被"提升"。具体相关细节，有兴趣的读者可以查看一些更深入地讲解相关内容的资料。

而 let 声明是不被"提升"的，在一个代码块中，变量只有在声明之后才能被使用。

2.1.2　const 关键字

ES6 中引入的 const 关键字用于定义常量。常量是只读的，在声明常量的时候，必须同时对它进行初始化，此后就不能再给它赋值了。const 除了只读性质之外，其他性质都与 let 的相同。建议在能

< 15 >

使用 const 的时候尽量使用 const，除非量的值确实会改变时才使用 let。

需要注意的是，对于数组和对象这样的引用类型，变量其实只是一个"地址"，它指向数组和对象在内存中所占的空间。常量意味着这个"地址"禁止被修改，但是数组的元素或者对象属性值仍然是可以更改的。请注意以下代码中的对比。

```
1    // 改变对象属性值
2    const person = {name: "Peter", age: 28};
3    person.age = 30;                      //正确
4    person = {name: "Mike", age: 20};     //错误
5
6
7    // 改变数组元素
8    const colors = ["red", "green", "blue"];
9    colors[0] = "yellow";                 //正确
10   colors = ["red", "green"]             //错误
```

2.1.3 for…of 循环

ES5 中有两种 for 循环，一种是常见的 for 循环，另一种是 for…in 循环，其用于遍历一个对象的所有属性。

ES6 中引入了一种新的循环方式——for…of 循环，用于更简捷地遍历"类数组"的可迭代对象。例如下面的代码：

```
1    // ES6
2    let numbers = [0, 1, 2, 3, 5];
3    let sum = 0;
4    for(let num of numbers) {
5        sum += num;
6    }
```

如果用普通的 for 循环，那么上面的例子等价于：

```
1    // ES5
2    let numbers = [0, 1, 2, 3, 5];
3    let sum = 0;
4    for(let i = 0; i < numbers.length; i++) {
5        sum += numbers[i];
6    }
```

2.1.4 字符串模板

字符串模板提供了一种简捷的方法来创建字符串，可以非常方便地将变量或表达式插入字符串。字符串模板使用`创建，可以使用${…}语法将变量或表达式插入字符串：

```
1    // 在字符串中插入变量和表达式
2    let a = 10;
3    let b = 20;
4    let result = 'The sum of ${a} and ${b} is ${a+b}.';
```

如果用 ES5 的方式拼接字符串会麻烦得多，而且可读性也会差很多：

< 16 >

```
var result = 'The sum of ' + a + ' and ' + b + ' is ' + (a+b) + '.';
```

此外，用字符串模板的方式可以方便地创建多行字符串：

```
1   // 创建多行字符串
2   let str = `The quick brown fox
3       jumps over the lazy dog.`;
```

2.1.5 参数默认值

在 ES6 中可以为函数的参数指定默认值。如果在调用函数时没有传入相应的实际参数，则会使用参数的默认值。例如：

```
1   function sayHello(name='World') {
2       return `Hello ${name}!`;
3   }
```

在 ES5 中，要实现相同的目的，通常的写法是：

```
1   function sayHello(name) {
2       var name = name || 'World';
3       return 'Hello ' + name + '!';
4   }
```

2.1.6 类与继承

除 JavaScript 外的其他大多数语言，例如 Java、C++等，都使用"类-对象"结构实现面向对象机制，包括封装、继承等逻辑，它们一般都来源于 C++语言最早提出的理念。

而 JavaScript 使用"原型"机制，只有对象，而没有类的概念。其相关理念和实现方式是非常特殊的，它来源于 20 世纪 80 年代施乐公司帕克研究中心提出的一种 Self 语言。

JavaScript 语言的动态性配合原型机制，体现的优势是强大、灵活、简捷，劣势是大多数程序员学习、理解和掌握这一套机制比较困难。因此 ES6 中引入了 class 等新的关键字，实现了与其他面向对象的语言相似的语法。但是实际上只是语法层面的改变，原本的原型机制并没有改变。使用 ES6 的 class 和 extends 等关键字的好处是，在开发时可以大大简化有关面向对象和继承的代码的写法。

在 ES6 中，可以使用"class 关键字后接类名"来声明类。按照惯例，类名一般遵循帕斯卡（Pascal）命名习惯，即每个单词的首字母大写。代码如下：

```
1   //矩形类
2   class Rectangle {
3       // 构造函数
4       constructor(width, height) {
5           this.width = width;    //属性
6           this.height = height; //属性
7       }
8
9       // 方法成员，用于计算面积，使用普通函数的方式定义
10      area() {
11          return this.height * this.width;
12      }
13
```

< 17 >

```
14      // 方法成员, 用于计算周长, 使用箭头函数的方式定义
15      perimeter = () => this.height * 2 + this.width * 2;
16  }
```

上面的代码创建了一个矩形类 Rectangle, 它有两个属性 width（宽度）和 height（高度），以及两个方法，这两个方法分别用于计算面积（area）和周长（perimeter）。

ES6 中引入了 extends 和 super 关键字，用于实现继承。代码如下：

```
1   // 正方形类继承自矩形类
2   class Square extends Rectangle {
3       // 子类的构造函数
4       constructor(length) {
5           // 调用父类的构造函数
6           super(length, length);
7       }
8
9       //还可以定义子类自己的方法
10  }
```

在上面的示例中，正方形类 Square 通过 extends 关键字实现了对矩形类 Rectangle 的继承。从其他类继承的类被称为派生类或子类。可以看到在子类的构造函数中通过 super()调用了父类的构造函数。

接下来就可以通过 new 关键字来创建类的实例，代码如下：

```
1   //创建矩形对象
2   let rectangle = new Rectangle(5, 10);
3   alert(rectangle.area()); // 50
4   alert(rectangle.perimeter()); // 30
5
6   //创建正方形对象
7   let square = new Square(5);
8   alert(square.area()); // 25
9   alert(square.perimeter()); // 20
```

可以看到子类拥有了父类的所有方法。关于 class，有以下 3 点需要注意。

- 每个类的定义都离不开 this，访问任何成员属性和成员方法时，都需要用到 this，它表示的就是这个类被实例化后的对象。
- 在子类的构造函数中，必须在调用 this 之前通过 super()调用父类的构造函数。
- 函数的声明类似于用 var 进行声明，会被"提升"，因此可以在函数声明之前调用函数。但是类的声明类似于用 let 和 const 进行声明，不会被"提升"，只有在类声明的后面才能使用这个类。

2.1.7 箭头函数

箭头函数是 ES6 中新引入的非常好用的函数，它为编写函数表达式提供了简捷的语法。

箭头函数使用=>定义函数。=>的前面是函数的参数列表，=>的后面是函数体。例如：

```
1   // 箭头函数
2   let sum = (a, b) => {
3       let s = a + b;
4       return s;
5   }
```

< 18 >

以上代码相当于：

```
1   // Function Expression
2   let sum = function(a, b) {
3       let s = a + b;
4       return s;
5   }
```

如果函数体中只有一个语句，并且这个语句是 return 语句，则可以省略花括号和 return 语句，这可以大大简化语句，而且减少了使用花括号所产生的"噪声"，还会提高代码的可读性：

```
let sum = (a, b) => a + b;
```

如果只有一个参数，参数的圆括号也可以省略。例如求一个数的绝对值的函数可以定义为：

```
let abs = a => a>0 ? a : -a;
```

但是如果没有参数，参数的圆括号则不能省略。例如定义取一个 0～9 的随机整数的函数：

```
let randomDigit = () => Math.floor(Math.random() * 10);
```

如果省略了函数体的花括号，而返回值又是一个对象，那么为了避免产生歧义，要在花括号外面加上圆括号。例如下面定义的函数根据 x 和 y 坐标值，返回一个对象，这时就要加上圆括号，否则花括号标识的内容会被认为是函数体，从而报错。

```
let createPoint = (x,y) => ({x, y});
```

普通函数和箭头函数的一个重要区别是，箭头函数没有自己的 this。例如下面这段代码实现了一个类，并且在构造函数中，首先初始化了一个 nums 数组，保存了一些整数元素，然后声明了一个 odds 数组，最后调用针对 nums 的 forEach()，把 nums 数组中的奇数添加到了 odds 数组中。

```
1   class MyMaths{
2       constructor(){
3           this.nums = [1,2,3,4,5];
4           this.odds = [];
5
6           this.nums.forEach(n => {
7               if (n % 2 === 1)
8                   this.odds.push(n);
9           });
10      }
11  }
```

可以看到，在对 this.nums 的元素进行操作的函数中，如果元素是奇数，那么函数会将其插入 this.odds 数组，这里的 this 和函数外面的 this 指向的是同一个对象，都是 MyMaths 类的对象。而如果要把箭头函数改为普通函数，就要使用如下写法：

```
1   class MyMaths{
2       constructor(){
3           this.nums = [1,2,3,4,5];
4           this.odds = [];
5
6           let self = this;
7           this.nums.forEach(function (n) {
8               if (n % 2 === 1)
9                   self.odds.push(n);
10          });
```

< 19 >

```
11        }
12    }
```

可以看到，在调用 forEach()之前，会先用一个变量把 this 保存下来，然后在操作元素的函数中，用 self.odds 来访问保存奇数的数组，而不能像在箭头函数内部那样直接用 this.odds。这是因为普通函数都会有自己的 this，它指向的就是函数的调用者。

也就是说，针对普通函数，其构造函数中的 this 和作为 forEach()的参数的函数的 this 是不同的，并且内层的 this 会覆盖外层的 this。为了在内层函数中使用外层的 this，一般会先用一个变量将 this 保存起来，然后在内层中使用，如代码中的 self 变量。

而如果使用箭头函数作为 forEach()的参数，箭头函数没有自己的 this，则在箭头函数内部 this 仍然是外层的 this，因此可以直接使用 this.odds。

2.1.8 剩余运算符与剩余参数

ES6 引入了剩余（rest）参数的概念，可以将任意数量的参数以数组的形式传给函数。当需要将一些参数传给函数，但不能确定到底需要传多少个参数时，利用这个特性就会非常方便。

在定义函数时，可以通过在参数前面加上剩余运算符（...），即 3 个点来指定剩余参数。剩余参数只能是参数列表中的最后一个参数，并且最多只能有一个剩余参数：

```
1    function sortNames(first, second, ...others) {
2        alert(`${first},${second},${others.sort().join(',')}`);
3    }
```

上面 sortNames()函数的参数会传入第一个人的名字、第二个人的名字和其他人的名字，它的功能是保持第一个人和第二个人的名字的位置不变，而把其他人的名字排序后，返回所有人的名字。

如果在调用函数时传入了 5 个人名，即 sortNames("Tom", "Jerry", "Mike", "John","Kate")，那么函数实际上得到了 3 个参数，前两个是字符串，第三个是一个字符串数组，这个数组有 3 个元素。最终结果将是 Tom, Jerry, John, Kate, Mike。

2.1.9 展开运算符

3 个点组成的运算符（...）在 ES6 中除了用作剩余运算符，还能用作展开运算符。展开运算符和剩余运算符分别用在不同的地方，且作用不同。

- 剩余运算符的作用是把一些变量组合为数组，而展开运算符的作用是把数组"展开"，将数组元素拆分为独立的变量。
- 剩余运算符通常用于函数的定义，展开运算符通常用于函数的调用。

示例如下：

```
1    function add(a, b, c) {
2        return a + b + c;
3    }
4
5    let numbers = [5, 12, 8];
6    let sum = add(...numbers);
```

可以看到，在调用 add()函数时，通过展开运算符把数组 numbers 展开成了 3 个独立的参数变量 a、b 和 c。

< 20 >

展开运算符也可用于数组的拼接等操作，从而不再需要使用 push()或者 concat()等方法。例如下面的代码中 members 的结果是把 boys 和 girls 两个数组的元素都展开，然后将它们组成一个数组。

```
1   let boys = ["Tom", "Mike"];
2   let girls = ["Jane", "Kathleen"];
3
4   let members = [...boys, ...girls, "Mr.John"];
```

2.1.10 数组的解构赋值

解构赋值用于简捷地将数组中的值或对象中的属性赋给不同的变量。本小节将讲解数组的解构赋值。

当我们需要把一个数组中的前两个元素分别赋给变量 a 和 b 时，在 ES5 和 ES6 中，实现同样的功能有不同的写法：

```
1   //ES5
2   var fruits = ["Apple", "Banana", "Grape"];
3   var a = fruits[0];
4   var b = fruits[1];
5
6   //ES6
7   let fruits = ["Apple", "Banana", "Grape"];
8   let [a, b] = fruits;
9   console.log(a); //Apple
10  console.log(b); //Banana
```

可以看到，在 ES6 中可以把 fruits 这个数组变量直接以[a, b]的形式赋值，同时可以把数组元素按顺序依次赋给变量 a 和 b。如果要跳过某个或某几个元素，则可以用逗号实现，下面代码的作用是将 fruits 数组的第 1 个元素和第 3 个元素（即 Apple 和 Grape）赋给变量 a 和 b。

```
1   let fruits = ["Apple", "Banana", "Grape"];
2   let [a, , b] = fruits;
3   console.log(b);  //Grape
```

利用这个特性，可以方便地实现两个变量互相交换值：

```
1   let a = 10, b = 5;
2   [a, b] = [b, a];
```

此外，还可以在数组的解构赋值中使用剩余运算符，如将数组中后两个元素组成新的数组赋给变量 others，代码如下所示：

```
1   // ES6
2   let fruits = ["Apple", "Banana", "Mango"];
3   let [a, ...others] = fruits;
```

2.1.11 对象的解构赋值

在 ES6 中，除了增加了数组的解构赋值，还增加了对象的解构赋值。从对象中提取某些特定的属性的值是常用的操作，在 ES5 中需要这样做：

```
1   // ES5
2   var person = {name: "Peter", age: 28};
```

< 21 >

```
3    var name = person.name;
4    var age = person.age;
```

而在 ES6 中则可以采用简捷的语法，如下所示：

```
1    // ES6
2    let person = {name: "Peter", age: 28};
3    let {name, age} = person;
```

2.1.12 模块

在 ES6 之前，JavaScript 一直没有对模块进行支持。JavaScript 程序中的所有内容（例如跨不同 JS 文件的变量）都共享相同的作用域，这对构建大型程序来说是一个很大的问题。

ES6 引入了基于文件的模块，其中每个模块都由一个单独的 JS 文件构成。现在可以在模块中使用 export 或 import 语句将变量、函数、类或任何其他实体导出或导入其他模块或文件。

例如创建一个模块，即一个 main.js 文件，并将以下代码放入其中：

```
1    let greet = "Hello World!";
2    const PI = 3.14;
3
4    function multiplyNumbers(a, b) {
5        return a * b;
6    }
7
8    //导出变量、常量、函数
9    export { greet, PI, multiplyNumbers };
```

现在，使用另一个 JS 文件 app.js，导入上面导出的变量、常量、函数，然后就可以直接使用该模块了：

```
1    import { greet, PI, multiplyNumbers } from './main.js';
2
3    alert(greet); // Hello World!
4    alert(PI); // 3.14
5    alert(multiplyNumbers(6, 15)); // 90
```

需要注意以下两点。

- 在 HTML 文件中引入 app.js 文件时，<script>标签上必须要用 type="module" 。
- 使用引入模块的方式引入 JavaScript 网页，测试的时候不能直接用浏览器打开硬盘上的文件，而是必须使用 HTTP（hypertext transfer protocol，超文本传送协议），即必须在开发用的机器上安装 Web 服务器，比如用 Windows 自带的 IIS（Internet information services，互联网信息服务），然后在浏览器中打开这个 HTML 文件。

示例如下：

```
1    <!DOCTYPE html>
2    <html>
3    <head></head>
4    <body>
5        <script type="module" src="app.js"></script>
6    </body>
7    </html>
```

< 22 >

2.2 HTML5 新增的语义化标记

知识点讲解

　　HTML5 新增了很多特性，本节介绍其中和页面结构相关的一些语义化标记。此外，HTML5 中新增的很多其他方面的特性，例如对音视频的原生支持、本地存储、画布、新表单元素及属性、地理信息、客户端缓存等，这里不详细介绍。

　　在早期的 HTML 版本中，没有提供用于表达页面结构的元素，每个开发者都使用自定义的结构。但实际上页面有通用的结构，例如图 2.1 所示为典型的页面结构，它有页头、导航、页脚、主要内容以及侧边栏。

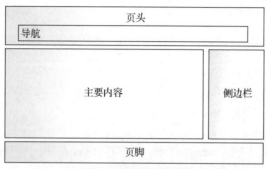

图 2.1　典型的页面结构

　　因此，HTML5 引入了一致的语义元素，通过使用语义化标记，可以帮助浏览器理解内容的含义，而不仅仅是显示内容；还便于进行 SEO（search engine optimization，搜索引擎优化），比起使用非语义化的<div>标记，搜索引擎更加重视在标题、链接等元素中的关键字，使用语义化标记可使网页更容易被用户搜索到。

　　除此之外，使用语义化标记更便于网页开发和维护，因为语义化的 HTML 文件不仅利于机器理解，而且便于用户阅读，越易懂的代码越有助于团队开发。语义化的 HTML 文件比非语义化的 HTML 文件更加轻便，并且更易于进行响应式开发。

　　HTML5 提供了以下新的语义元素来明确网页的不同部分。

- <header>，描述文档的头部区域。
- <nav>，定义导航链接的部分。
- <article>，定义独立的内容。
- <section>，定义文档中的节，通常包含一组内容及其标题。
- <aside>，定义页面主要内容之外的内容（比如侧边栏）。
- <footer>，描述文档的底部区域，页脚通常包含版权信息和联系信息。

　　使用语义元素能够清晰地描述文档结构，例如：

```
1   <!DOCTYPE html>
2   <html>
3   <head>
4   </head>
5   <body>
6       <header>
7           <nav>
8               <a href="">HTML5</a>
9               ......
```

< 23 >

```
10          </nav>
11      </header>
12      <article>
13          <h1>标题 1</h1>
14          <section>
15              <h2>标题 2</h2>
16              <p>……</p>
17          </section>
18          <section>……</section>
19          <section>……</section>
20      </article>
21      <aside>……</aside>
22      <footer>
23          <p>&copy; 2021 All rights reserved</p>
24      </footer>
25  </body>
26  </html>
```

HTML5 还定义了一些其他的语义元素。

- <details>和<summary>。

它们可用于创建可折叠的 UI（user interface，用户界面）小部件，用户可以通过单击这些小部件来显示或隐藏内容。<details>元素包含与特定主题相关的所有内容，<summary>元素是对这些内容的简要概括，例如：

```
1  <details>
2    <summary>系统需求</summary>
3    操作系统：Windows 10 版本 14393.0 或更高版本 <br>
4    内存：4GB
5  </details>
```

- <figure>和<figcaption>。

<figure>元素表示自包含的内容，有可能带有描述；描述用<figcaption>元素来表示。例如图片和图片描述，它们是一个整体，从语义上来说是不可分割的：

```
1  <figure>
2    <img src="images/cup.png" alt="cup">
3    <figcaption>爱因斯坦质能方程马克杯</figcaption>
4  </figure>
```

其实 HTML 提供了 100 多个元素，要从中挑选合适的元素来表述内容颇为麻烦。过度追求语义化，会使页面语义结构过于繁杂，反而不易于维护。如果没有合适的语义元素来表达内容，则可以使用通用的元素，如<div>和<span>。

2.3 CSS3 引入的常用新特性

知识点讲解

CSS3 对 CSS 进行了全面的扩充，这里仅介绍关于 CSS3 中新增的常用样式属性，以及两种新增的布局方式。

< 24 >

2.3.1　CSS3 新增的常用样式属性

首先介绍几个新增的且在实践中特别常用的样式属性。

1. 新长度单位

CSS3 增加了长度单位 rem，它的含义是 "root em"，表示以网页根元素<html>的字符高度为单位长度。因此可以只对<html>元素设置像素大小，其他元素以 rem 为单位设置百分比大小，例如 h1{font-size:2rem}就表示 h1 的字体大小是<html>元素字体大小的 2 倍。

这对于需要同时适配多种分辨率设备的响应式页面特别有用。例如，使用 rem 可以保持页面中所有不同元素中的文字的相对比例。

此外，CSS3 还增加了长度单位 vw（viewport width）、vh（viewport height），它们是基于视口（viewport）的单位。1vw 等于视口宽度的 1%，1vh 等于视口高度的 1%。这两个属性可用于解决响应式页面开发中常出现的问题。

2. 新颜色：透明度

在 CSS3 中，关于颜色也增加了新的属性，支持设置颜色的透明度。一种方式是把 rgb 模式扩充为 rgba 模式，其中第 4 个字母 a 表示的就是透明度（alpha）通道。例如：

```
1    h3{ color: rgba(0,0,255,0.5); }
2    h3{ color: rgba(0%,0%,100%,0.5); }
```

以上代码设置的都是半透明的蓝色，第 4 个参数 0.5 就表示透明度为 0.5。0 表示完全透明，1 表示完全不透明。此外 CSS3 中还引入了一个独立的属性——opacity，用于定义某个元素的透明度，0 表示完全透明，1 表示完全不透明。例如：

```
1    h3 {
2      color: #00f;
3      opacity:0.5;
4    }
```

3. box-sizing

在 CSS3 中，为了更灵活地计算和设置元素的大小等集合属性，在传统的盒子模型的基础上增加了 box-sizing 属性，这个属性的作用是改变盒子模型的高度和宽度的计算方法。默认情况下，当用 width 和 height 属性设置某个元素的宽度和高度时，实际上设定的是内容的宽度和高度，但是其实盒子占据的面积还包括 padding、border 和 margin，因此其实际占据的面积的值大于指定的值。这样计算起来就不方便。可以使用 box-sizing 属性将其值设置为 border-box，这样设置的 width 和 height 就会包括 padding 和 border。box-sizing 有以下 3 个值。

- content-box：默认值，width 和 height 只包括内容部分。
- border-box：width 和 height 包括内容部分、padding 以及 border。
- inherit：继承父元素的设置。

4. border-radius、box-shadow、background-image

在 CSS3 中，增加了 border-radius 属性，用于设置边框的圆角的半径。例如下面的代码可以将一个<div>元素设置为圆角矩形，效果如图 2.2 所示。

```
border-radius: 20px;
```

< 25 >

图 2.2　圆角矩形效果

灵活运用该属性，还可以方便地设置出椭圆或者圆形，如下代码所示，实现的椭圆效果如图 2.3 所示。

```
border-radius: 150px/50px;
```

图 2.3　椭圆效果

此外，CSS3 中还增加了 box-shadow（阴影）属性，例如下面的代码可以给一个<div>元素设置阴影，效果如图 2.4 所示。

```
box-shadow: 10px 10px 12px #888;  //向右10px，向下10px，柔化12px，颜色#888
```

图 2.4　给元素设置阴影效果

在 CSS3 中，还可以方便地给背景设置渐变色，渐变又分为线性渐变和径向渐变两种方式。用 background-image 属性可以直接设置出很多原来必须要借助图片才能实现的效果。

例如下面的代码可以给一个<div>元素设置线性渐变背景，从而产生立体的光影效果，如图 2.5 所示。

```
background-image: linear-gradient(180deg, #bbb, #555, #bbb);
```

图 2.5　给元素设置线性渐变背景

再如，结合 border-radius 属性，可以设置出圆形，同时使其具有径向渐变背景，效果如图 2.6 所示。

```
1    border-radius:50%;
2    background-image: radial-gradient(circle, #bbb, #555);
```

< 26 >

图 2.6　给元素设置径向渐变背景

2.3.2　新增的布局方式——弹性盒子布局

传统的 CSS 布局方式主要依赖于浮动和定位属性，对于复杂的页面结构，使用这些属性是比较烦琐的。弹性盒子（flexbox）是 CSS3 新增的一种布局方式，传统的布局依赖于屏幕的宽度和高度，或者依赖于计算的百分比，但是弹性盒子则是直接按照比例关系进行布局。

弹性盒子的核心逻辑是，先将一个容器元素设置为弹性容器，然后指定其内部子元素的属性，改变它们的宽度、高度以及顺序，以便更好地分配可用空间，这样能够使它们适应各种设备屏幕尺寸。

下面的代码实现了将一个容器中的 3 个<div>元素按照 1：2：1 的宽度比例分为左、中、右 3 个部分并列的效果。

```
1   .container {
2     display: flex;   /*将元素设置为弹性容器 */
3     width: 300px;
4     border: 1px solid #000;
5   }
6   .left {
7     flex: 1;          /*剩余空间占 1 份*/
8     background-color: #ccc;
9   }
10  .center {
11    flex: 2;          /*剩余空间占 2 份*/
12    background-color: #FFF;
13  }
14  .right {
15    flex: 1;          /*剩余空间占 1 份*/
16    background-color: #ccc;
17  }
```

对应的 HTML 结构如下：

```
1   <div class="container">
2     <div class="left">item1</div>
3     <div class="center">item2</div>
4     <div class="right">item3</div>
5   </div>
```

< 27 >

从代码中可以看出，只需要先将 container 设置为弹性容器，即 display: flex，然后将其内部各元素的宽度比例设置为 1∶2∶1，此时，页面的布局就能符合我们的预期了。如果用传统的浮动和定位的方法来实现这样的三列布局，则要增加冗余的<div>容器，还要进行很多 CSS 设置，而用 CSS3 的弹性盒子来实现就简单、直接多了。

图 2.7 所示是一个非常简单而又常见的页面顶部的导航栏，用弹性盒子可以非常方便地实现图示效果，并且这个效果可以自动适应 PC（personal computer，个人计算机）端的浏览器和手机端的浏览器，如图 2.7 和图 2.8 所示。

图 2.7　用弹性盒子实现的导航栏（适应 PC 端的浏览器）

图 2.8　导航栏可以方便地适应手机端的浏览器

弹性盒子布局的优势不止于此，例如使用它设置垂直对齐方式很方便。在弹性盒子布局模型中，弹性容器的子项可以在多个方向上进行布局，并且可以"伸缩"：既可以伸长以填充未使用的空间，又可以收缩以防止溢出。目前在很多前端框架中都会大量使用这种布局方式，例如 Bootstrap。

关于弹性盒子布局方式，可设置的选项比较多，本书不一一介绍，请读者参考相关资料进行学习。

2.3.3　新增的布局方式——网格布局

网格（grid）布局是 CSS3 新增的另一种布局方式，它提供了一种强大的布局机制。它将一块可用空间划分为一个个的格子，类似棋盘，这种划分方式是可以灵活定义和预测效果的，并且使用这种方式可以精确地调整元素在网格中的位置。网格布局是自适应的，可以使内容和样式"更清晰地分离"。

这里不详细介绍网格布局参数具体的设定方法，仅用一个例子说明这种方式可以实现的效果。

如果要实现图 2.9 所示的计算器页面，用网格布局方式就特别方便，可以看到计算器的各个按键整齐地组成了一个"网格"，只需要对特殊的几个按键设定各自所占据的"单元格"就

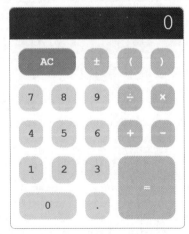

图 2.9　用网格布局实现的计算器页面

< 28 >

可以了。

首先把按键区域的元素的display属性设置为grid，并设置好相应的容器属性，代码如下所示。

```
1    .calculator-keys {
2      display: grid;
3      grid-template-columns: repeat(5, 1fr);
4      grid-gap: 20px;
5      padding: 20px;
6    }
```

接着就可以设置各个按键占据的区域了。例如，AC键（清零键）占据的区域是从最左侧一条线和最上边一条线，到从左往右数第3条线和从上往下数第2条线，因此，它的CSS属性的设置如下。

```
1    .all-clear {
2      grid-area: 1 / 1 / 2 / 3;
3    }
```

以此类推，=键（等号键）占据的区域是从左往右数第4条线和从上往下数第4条线，到从左往右数第6条线和从上往下数第6条线，因此它的CSS属性的设置如下。

```
1    .equal-sign {
2      grid-area: 4 / 4 / 6 / 6;
3    }
```

网格布局方式可以方便地应用于页面布局。比较复杂的多行多列的页面布局也可以用网格布局实现。

本章小结

本书作为一本主要讲解jQuery的书，无法完整、详尽地介绍JavaScript、HTML和CSS这3种语言，因此使用一章的篇幅来介绍ES6、HTML5和CSS3新增的常用特性。这些新特性对开发人员的实际工作有很大帮助。大多数主流的浏览器的较新版本都已经可以很好地支持这些新的标准了，例如Chrome、Firefox、Edge以及Safari等。在正式学习jQuery框架之前，希望读者能够先把JavaScript语言的基本语法以及CSS3和HTML5的相关知识掌握好，这样才能为后面的学习"扫清障碍"。

习题 2

一、关键词解释

ES6 HTML5 CSS3 语义化标记 弹性盒子布局 网格布局

二、描述题

1. 请简单描述一下ES6常用的新特性有哪些，它们对应的含义分别是什么。
2. 请简单描述一下HTML5新增的语义化标记有哪些，它们对应的含义分别是什么。
3. 请简单描述一下CSS3新增的常用样式属性有哪些，它们对应的含义分别是什么。
4. 请简单描述一下本章介绍的布局方式有哪两种，它们分别是如何实现页面布局的。

< 29 >

第 3 章 jQuery 选择器与管理结果集

通过第 2 章的简单介绍，读者应该对 jQuery 已经有了大致的了解。本章介绍 jQuery 的选择器和管理结果集，让读者学习到更多 jQuery 的相关知识。本章思维导图如下。

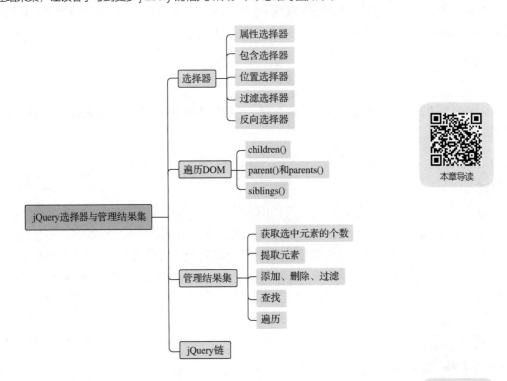

3.1 选择器

本节重点讲解 jQuery 中丰富的选择器，以及它们的基本用法。CSS的选择器均可以用 jQuery 的$进行选择，部分浏览器对 CSS3 选择器的支持不全，可以用 jQuery 作为补充。因此本章介绍的选择器中有一部分会和 CSS3 选择器重复，这里不详细介绍，本章将重点介绍 jQuery 扩展的选择器。一部分 CSS3 中的选择器，以表格的方式给出。

3.1.1　属性选择器

属性选择器的语法是在标记的后面用方括号添加相关的属性，然后赋予其不同的逻辑关系。jQuery 中的属性选择器的用法如下，实例文件请参考本书配套的资源文件：第 3 章\3-1.html。

```
1   <style type="text/css">
2     a {
3       text-decoration:none;
4       color:#000000;
5     }
6     .myClass {
7       /* 设定某个 CSS 类别 */
8       background-color:#d0baba;
9       color:#5f0000;
10      text-decoration:underline;
11    }
12  </style>
13  <body>
14    <ul>
15      <li><a href="http://www.artech.com">信息列表</a>
16        <ul>
17          <li>阿里巴巴</li>
18          <li><a href="              .sina.com.cn/">新浪</a></li>
19          <li><a href="              .baidu.com/" title="百度">百度</a></li>
20          <li><a href="              .qq.com/">腾讯</a></li>
21          <li><a href="              .google.cn/" title="google">谷歌</a></li>
22        </ul>
23      </li>
24    </ul>
25  </body>
```

以上代码定义了 HTML 框架结构，以及相关的 CSS 类别，供测试使用，此时的运行结果如图 3.1 所示。

图 3.1　HTML 框架

如果希望在页面中选择设置 title 属性的标记，并给超链接添加 myClass 样式，则可以使用如下代码：

```
1   <script>
2   $(function(){
```

< 31 >

```
3        $("a[title]").addClass("myClass");
4    });
5    </script>
```

其运行结果如图 3.2 所示，设置了 title 属性的两个超链接被添加了 myClass 样式。

图 3.2   属性选择器 a[title]

如果希望根据属性的值进行判断，例如为 href 属性的值等于 http://▓▓▓▓▓▓▓.qq.com/的超链接添加 myClass 样式，则可以使用如下代码：

```
$("a[href='http://▓▓▓▓▓▓▓.qq.com/']").addClass("myClass");
```

其运行结果如图 3.3 所示。

图 3.3   属性选择器 a[href='http://▓▓▓▓▓▓▓.qq.com/']

以上两种是比较简单的属性选择器，jQuery 中还可以根据属性值的某一部分进行匹配，例如下面的代码可实现选中 href 属性值以 http://开头的所有超链接，运行结果如图 3.4 所示。

```
$("a[href^='http://']").addClass("myClass");
```

图 3.4   属性选择器 a[href^='http://']

既然可以根据属性值的开头来匹配选择，自然也可以根据属性值的结尾来匹配选择。下面的代码可实现选中 href 属性的值以 cn/结尾的超链接集合，这种方法通常用于选取网站中的某些下载资源，例

< 32 >

如所有的.jpg 图片、所有的.pdf 文件等，运行结果如图 3.5 所示。

```
$("a[href$='cn/']").addClass("myClass");
```

图 3.5　属性选择器 a[href$='cn/']

另外还可以利用*=进行任意匹配，例如下面的代码可实现选中 href 值中包含字符串 com 的所有超链接，并添加样式：

```
$("a[href*=com]").addClass("myClass");
```

其运行结果如图 3.6 所示。

图 3.6　属性选择器 a[href*=com]

3.1.2　包含选择器

jQuery 中还提供了包含选择器，用来选择包含某种特殊标记的元素。同样采用上述例子中的 HTML 框架，则下面的代码表示选中包含超链接的所有<li>标记：

```
$("li:has(a)")
```

下面的代码可实现选中二级项目列表中所有包含超链接的<li>标记，其运行结果如图 3.7 所示。

```
$("ul li ul li:has(a)").addClass("myClass");
```

图 3.7　包含选择器 ul li ul li:has(a)

< 33 >

表 3.1 中罗列了 jQuery 支持的基础选择器、属性选择器和包含选择器，供读者需要时查询。

表 3.1　jQuery 支持的三类选择器

	选择器	说明
基础选择器	*	所有标记
	E	所有名称为 E 的标记
	E F	所有名称为 F 的标记，并且是<E>标记的子标记（包括孙标记、重孙标记等）
	E > F	所有名称为 F 的标记，并且是<E>标记的子标记（不包括孙标记）
	E + F	所有名称为 F 的标记，并且该标记紧接着前面的<E>标记
	E~F	所有名称为 F 的标记，并且该标记前面有一个<E>标记
属性选择器	E.C	所有名称为 E 的标记，属性类别为 C，如果去掉 E，就是属性选择器.C
	E#I	所有名称为 E 的标记，id 为 I，如果去掉 E，就是 id 选择器#I
	E[A]	所有名称为 E 的标记，并且设置了属性 A
	E[A=V]	所有名称为 E 的标记，并且属性 A 的值为 V
	E[A^=V]	所有名称为 E 的标记，并且属性 A 的值以 V 开头
	E[A$=V]	所有名称为 E 的标记，并且属性 A 的值以 V 结尾
	E[A*=V]	所有名称为 E 的标记，并且属性 A 的值中包含 V
包含选择器	E:has(F)	所有名称为 E 的标记，并且该标记包含<F>标记

3.1.3　位置选择器

知识点讲解

CSS3 中还允许通过标记所处的位置来进行选择，这里的位置是指元素在 DOM 中所处的位置。页面中几乎所有的标记都可以运用位置选择器，下面的例子展示了 jQuery 中位置选择器的使用，实例文件请参考本书配套的资源文件：第 3 章\3-2.html。

```
1   <style type="text/css">
2     div{
3       font-size:12px;
4       border:1px solid #003a75;
5       margin:5px;
6     }
7     p{
8       margin:0px;
9       padding:4px 10px 4px 10px;
10    }
11    .myClass{
12      /* 设定某个CSS类别 */
13      background-color:#c0ebff;
14      text-decoration:underline;
15    }
16  </style>
17  <body>
18    <div>
19      <p>1. 大礼堂</p>
20      <p>2. 清华学堂</p>
21    </div>
22    <div>
```

< 34 >

```
23          <p>3．图书馆</p>
24      </div>
25      <div>
26          <p>4．紫荆公寓</p>
27          <p>5．C楼</p>
28          <p>6．清清地下</p>
29      </div>
30  </body>
```

上述代码中有 3 个<div>块，每个<div>块都包含文章段落<p>元素，其中第一个<div>块包含 2 个<p>，第二个<div>块包含 1 个<p>，第三个<div>块包含 3 个<p>。在没有任何 jQuery 代码的情况下，运行结果如图 3.8 所示。

图 3.8　位置选择器

如果希望在页面中选择每个<div>块的第一个<p>元素，则可以通过:first-child 来实现，代码如下所示：

```
$("p:first-child")
```

以上代码表示选择所有的<p>元素，并且这些<p>元素是各自父元素的第一个子元素，代码运行结果如图 3.9 所示。

```
1  <script src="jquery-3.6.0.min.js"></script>
2  <script>
3  $(function(){
4      $("p:first-child").addClass("myClass");
5  });
6  </script>
```

图 3.9　位置选择器:first-child

隔行变色很简单，可以通过下面的方法选中每个<div>块中的奇数行：

```
$("p:nth-child(odd)").addClass("myClass");
```

< 35 >

以上代码的运行结果如图 3.10 所示。

图 3.10　位置选择器:nth-child(odd)

:nth-child(odd|even)中的奇偶顺序是根据各子元素的父元素单独排序的，因此上面的代码选中的是 1.大礼堂、3.图书馆、4.紫荆公寓、6.清清地下。如果希望将页面中的整个<p>元素表进行排序，则可以直接使用:even 或者:odd，如下所示：

```
$("p:even").addClass("myClass");
```

以上代码的运行结果如图 3.11 所示，可以从图中第 3 个<div>块对应的内容看出使用:even 与:nth-child 的区别。

图 3.11　位置选择器:even

另外，可以从图 3.11 中第一个<div>块对应的内容发现，使用:nth-child(odd)与 p:even 选择出的结果一致。这是因为与:nth-child 相关的 CSS 选择器是从 1 开始计数的，而其他选择器是从 0 开始计数的。

表 3.2 中罗列了所有 jQuery 支持的 CSS3 位置选择器，读者可以自己尝试使用其中的每一项，这里不再介绍。

表 3.2　CSS3 位置选择器

选择器	说明
:first	第 1 个元素，例如 div p:first 表示选中页面中所有<p>元素中的第 1 个<p>元素，且该<p>元素是<div>的子元素
:last	最后一个元素，例如 div p:last 表示选中页面中所有<p>元素中的最后一个<p>元素，且该<p>元素是<div>的子元素
:first-child	第 1 个子元素，例如 ul:first-child 表示选中所有<ul>元素，且该<ul>元素是其父元素的第 1 个子元素
:last-child	最后一个子元素，例如 ul:last-child 表示选中所有<ul>元素，且该<ul>元素是其父元素的最后一个子元素
:only-child	所有没有兄弟元素的元素，例如 p:only-child 表示选中所有<p>元素，且该<p>元素是其父元素的唯一子元素

< 36 >

续表

选择器	说明
:nth-child(n)	第 n 个子元素，例如 li:nth-child(2)表示选中所有\<li\>元素，且该\<li\>元素是其父元素的第 2 个子元素（从 1 开始计数）
:nth-child(odd|even)	所有奇数号或者偶数号的子元素，例如 li:nth-child(odd)表示选中所有\<li\>元素，且这些\<li\>元素为各自父元素的第奇数个元素（从 1 开始计数）
:nth-child(nX+Y)	利用公式来计算子元素的位置，例如 li:nth-child(5n+1)表示选中所有\<li\>元素，且这些\<li\>元素为各自父元素的第 5n+1（1、6、11、16……）个元素
:odd 或者:even	对于整个页面而言的奇数号或偶数号元素，例如 p:even 表示页面中所有排在偶数号的\<p\>元素（从 0 开始计数）
:eq(n)	页面中第 n 个元素，例如 p:eq(4)表示页面中的第 5 个\<p\>元素（从 0 开始计数）
:gt(n)	页面中第 n 个元素之后的所有元素（不包括第 n 个元素本身），例如 p:gt(0)表示页面中第 1 个\<p\>元素之后的所有\<p\>元素（从 0 开始计数）
:lt(n)	页面中第 n 个元素之前的所有元素（不包括第 n 个元素本身），例如 p:lt(2)表示页面中第 3 个\<p\>元素之前的所有\<p\>元素（从 0 开始计数）

3.1.4　过滤选择器

知识点讲解

　　除了 CSS3 中的一些选择器外，jQuery 还提供了很多自定义的过滤选择器，用来处理更复杂的选择。例如很多时候希望知道用户所勾选的多选项，如果通过属性的值来判断，那么只能获得初始状态下的勾选情况，而不能获得真实的选择情况。利用 jQuery 的过滤选择器:checked 则可以轻松获得真实的用户选择情况，代码如下，实例文件请参考本书配套的资源文件：第 3 章\3-3.html。

```
1   <style type="text/css">
2     form{
3       font-size:12px;
4       margin:0px; padding:0px;
5     }
6     input.btn{
7       border:1px solid #005079;
8       color:#005079;
9       font-family:Arial, Helvetica, sans-serif;
10      font-size:12px;
11    }
12    .myClass + label {
13      background-color:#FF0000;
14      text-decoration:underline;
15      color: #fff;
16    }
17  </style>
18  <body>
19    <form name="myForm">
20      <input type="checkbox" name="sports" id="football"><label for="football">
        足球</label><br>
21      <input type="checkbox" name="sports" id="basketball"><label
        for="basketball">篮球</label><br>
22      <input type="checkbox" name="sports" id="volleyball"><label
        for="volleyball">排球</label><br>
```

< 37 >

```
23      <br><input type="button" value="Show Checked" onclick="ShowChecked
        ('sports')" class="btn">
24    </form>
25
26    <script src="jquery-3.6.0.min.js"></script>
27    <script>
28      function ShowChecked(oCheckBox){
29        //使用:checked 过滤出被用户选中的复选项
30        $("input[name="+oCheckBox+"]:checked").addClass("myClass");
31      }
32    </script>
33  </body>
```

以上代码中有 3 个复选项，通过 jQuery 的过滤选择器:checked 可以很容易地筛选出用户选中的复选项，并赋予其特殊的 CSS 样式，运行结果如图 3.12 所示。

图 3.12　过滤选择器:checked

另外，我们还可以链式地使用过滤选择器，例如：

```
:checkbox:checked:enabled
```

它表示<input type="checkbox">中所有被用户选中而且没有被禁用的复选项。表 3.3 中罗列了 jQuery 中常用的过滤选择器。

表 3.3　jQuery 中常用的过滤选择器

选择器	说明
:animated	所有处于动画中的元素
:button	所有按钮，包括 input[type=button]、input[type=submit]、input[type=reset]和<button>标记
:checkbox	所有多选项，等同于 input[type=checkbox]
:contains(foo)	所有包含文本 foo 的元素
:disabled	页面中被禁用的元素
:enabled	页面中没有被禁用的元素
:file	用于上传文件的元素，等同于 input[type=file]
:header	所有标题元素，例如<h1>～<h6>
:hidden	页面中被隐藏的元素
:image	图片提交按钮，等同于 input[type=image]

< 38 >

续表

选择器	说明
:input	表单元素，包括<input>、<select>、<textarea>、<button>
:not(filter)	反向选择
:parent	所有拥有子元素（包括文本）的元素，空元素将被排除
:password	密码框，等同于 input[type=password]
:radio	单选项，等同于 input[type=radio]
:reset	重置按钮，包括 input[type=reset]和 button[type=reset]
:selected	下拉菜单中被选中的项
:submit	提交按钮，包括 input[type=submit]和 button[type=submit]
:text	文本输入框，等同于 input[type=text]
:visible	页面中的所有可见元素

3.1.5　反向选择器

上述过滤选择器中的:not(filter)过滤器可以进行反向选择，其中 filter 参数可以是任意其他过滤选择器，例如下面的代码表示<input>标记中所有的非<radio>元素：

```
input:not(:radio)
```

反向选择器也可以被链式使用，例如：

```
$(":input:not(:checkbox):not(:radio)").addClass("myClass");
```

上述代码表示所有表单元素中（<input>、<select>、<textarea>或<button>）非 checkbox 和非 radio 的元素，这里需要注意 input 与:input 的区别。

此外，在:not(filter)中，filter 参数必须是过滤选择器，而不能是其他的选择器。下面的代码是典型的错误写法：

```
$("div:not(p:hidden)")
```

正确写法为：

```
$("div p:not(:hidden)")
```

3.2 遍历 DOM

案例讲解

遍历，意为"移动"，用于根据某元素相对于其他元素的关系来查找（或选取）HTML 元素：从某个元素开始，并沿着这个元素移动，直到抵达期望的元素为止。

图 3.13 展示了一个家族树。通过 jQuery 遍历，能够从被选（当前的）元素开始，轻松地在家族树中向上移动（祖先元素）、向下移动（子孙元素）、水平移动（同级元素）。这种移动被称为对 DOM 树进行遍历。

< 39 >

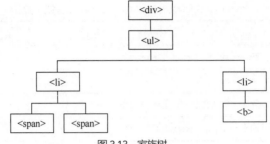

图 3.13 家族树

- <div>元素是<ul>的父元素，同时是其中所有内容的祖先元素。
- <ul>元素是<li>元素的父元素，同时是<div>的子元素。
- 左边的<li>元素是<span>的父元素和<ul>的子元素，同时是<div>的后代元素。
- <span>元素是<li>的子元素，同时是<ul>和<div>的后代元素。
- 两个<li>元素是同级元素（拥有相同的父元素）。
- 右边的<li>元素是<b>的父元素和<ul>的子元素，同时是<div>的后代元素。
- <b>元素是右边<li>的子元素，同时是<ul>和<div>的后代元素。

> **注意**
>
> 祖先元素是父元素、祖父元素、曾祖父元素等。后代元素是子元素、孙元素、曾孙元素等。同级元素拥有相同的父元素。

3.2.1　children()

children()方法返回被选元素的所有直接子元素，该方法只会从被选元素的下一级开始向下对 DOM 树进行遍历。例如，<div>元素为当前元素，<p>元素为子元素，<span>元素为孙元素。具体的代码如下所示，实例文件请参考本书配套的资源文件：第 3 章\3-4.html。

```
1    <style>
2    .box * {
3      display: block;
4      border: 2px solid #ccc;
5      color: #ccc;
6      padding: 5px;
7      margin: 15px;
8    }
9    </style>
10   <body>
11     <div class="box" style="width:500px;">div (当前元素)
12       <p>p (子元素)
13         <span>span (孙元素)</span>
14       </p>
15       <p>p (子元素)
16         <span>span (孙元素)</span>
17       </p>
18     </div>
19
20     <script src="jquery-3.6.0.min.js"></script>
```

< 40 >

```
21    <script>
22      $(function(){
23        $("div").children().css({"color":"red","border":"2px solid red"});
24      });
25    </script>
26  </body>
```

以上代码可实现将当前元素的直接子元素的边框和文字颜色都改为红色，运行结果如图 3.14 所示。

图 3.14　将直接子元素的边框和文字颜色都改为红色

可以使用可选参数来过滤子元素。修改上面例子中的 HTML 结构，给第一个<p>元素添加 class="p1"，给第二个<p>元素添加 class="p2"，再多加一个类名为 p1 的元素。如果希望只选中类名为 p1 的所有<p>元素，则可使用如下方式，实例文件请参考本书配套的资源文件：第 3 章\3-5.html。

```
1   <body>
2    <div class="box" style="width:500px;">div (当前元素)
3      <p class="p1">p (子元素)
4        <span>span (孙元素)</span>
5      </p>
6      <p class="p2">p (子元素)
7        <span>span (孙元素)</span>
8      </p>
9      <p class="p1">p (子元素)
10       <span>span (孙元素)</span>
11     </p>
12   </div>
13
14   <script src="jquery-3.6.0.min.js"></script>
15   <script>
16     $(function(){
17       $("div").children("p.p1").css({"color":"red","border":"2px solid red"});
18     });
19   </script>
20  </body>
```

其运行结果如图 3.15 所示。

< 41 >

图 3.15　将类名为 p1 的直接子元素的边框和文字颜色都改为红色

3.2.2　parent()和 parents()

　　parent()方法返回被选元素的直接父元素。该方法只会从被选元素的上一级开始向上对 DOM 树进行遍历。下面的例子将实现给<span>元素的直接父元素加上红色边框，代码如下，实例文件请参考本书配套的资源文件：第 3 章\3-6.html。

```
1   <body>
2   <div class="box">
3     <div style="width:500px;">div (曾祖父元素)
4       <ul>ul (祖父元素)
5         <li>li (直接父元素)
6           <span>span</span>
7         </li>
8       </ul>
9     </div>
10
11    <div style="width:500px;">div (祖父元素)
12      <p>p (直接父元素)
13        <span>span</span>
14      </p>
15    </div>
16  </div>
17  </body>
```

　　其运行结果如图 3.16 所示。

　　而 parents()方法用于返回被选元素的所有祖先元素，该方法会向上遍历直至遍历到文档的根元素<html>。下面的例子将实现给<span>元素的所有祖先元素都加上红色边框，代码如下，实例文件请参考本书配套的资源文件：第 3 章\3-7.html。

< 42 >

图 3.16　给<span>元素的直接父元素加上红色边框

```
1   <script src="jquery-3.6.0.min.js"></script>
2   <script>
3     $(function(){
4       $("span").parents().css({"color":"red","border":"2px solid red"});
5     });
6   </script>
7   <body class="box">
8     <div style="width:500px;">div (曾祖父元素)
9       <ul>ul (祖父元素)
10        <li>li (直接父元素)
11          <span>span</span>
12        </li>
13      </ul>
14    </div>
15  </body>
```

其运行结果如图 3.17 所示。

图 3.17　给<span>元素的所有祖先元素都加上红色边框

< 43 >

同样，也可以使用可选参数来过滤祖先元素。下面的例子将实现给所有\<span\>元素的所有\<ul\>祖先元素加上红色边框，修改的代码如下：

```
1   <script>
2     $(function(){
3       $("span").parents('ul').css({"color":"red","border":"2px solid red"});
4     });
5   </script>
```

其运行结果如图 3.18 所示。

图 3.18 给所有\<span\>元素的所有\<ul\>祖先元素都加上红色边框

3.2.3 siblings()

siblings()方法用于返回被选元素的所有同级元素。下面的例子将实现给\<h2\>的所有同级元素加上红色边框，实例文件请参考本书配套的资源文件：第 3 章\3-8.html。

```
1   <script src="jquery-3.6.0.min.js"></script>
2   <script>
3     $(function(){
4       $("h2").siblings().css({"color":"red","border":"2px solid red"});
5     });
6   </script>
7   <body class="box">
8     <div>div (父元素)
9       <p>p</p>
10      <span>span</span>
11      <h2>h2</h2>
12      <h3>h3</h3>
13      <p>p</p>
14    </div>
15  </body>
```

其运行结果如图 3.19 所示。

同样，可以使用可选参数来过滤同级元素。下面的例子将实现给\<h2\>的同级元素中的所有\<p\>元素加上红色边框，代码如下：

```
1   <script>
2     $(function(){
3       $("h2").siblings('p').css({"color":"red","border":"2px solid red"});
4     });
5   </script>
```

< 44 >

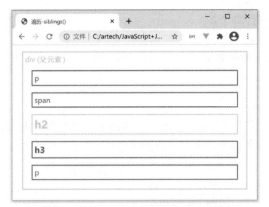

图 3.19　给<h2>的所有同级元素加上红色边框

其运行结果如图 3.20 所示。

图 3.20　给<h2>的同级元素中的所有<p>元素加上红色边框

类似这种遍历 DOM 的方法不止上述几个，下面罗列遍历 DOM 的相关方法，如表 3.4 所示。

表 3.4　遍历 DOM 的相关方法

方法	说明
closest()	返回被选元素的第一个祖先元素
next()	返回被选元素的下一个同级元素，该方法只返回一个元素
nextAll()	返回被选元素所有跟随其的同级元素
nextUntil()	返回被选元素介于两个给定参数之间的所有跟随其的同级元素
offsetParent()	返回被定位的最近祖先元素
parentsUntil()	返回当前匹配元素集合中每个元素的祖先元素，但不包括被选择器、DOM 节点或 jQuery 对象匹配的元素
prev()	返回被选元素的前一个同级元素，该方法只返回一个元素
prevAll()	返回当前匹配元素集合中每个元素前面的同级元素，该元素可通过选择器进行筛选
prevUntil()	返回当前匹配元素集合中每个元素前面的同级元素，但不包括被选择器、DOM 节点或 jQuery 对象匹配的元素

3.3　管理结果集

案例讲解

用 jQuery 选择出来的元素与数组非常类似，可以通过 jQuery 提供的一系列方法对其进行处理，包括获取选中元素的个数、提取元素等。

< 45 >

3.3.1 获取选中元素的个数

在 jQuery 中可以通过 length 获取选中元素的个数，它类似于数组中的 length 属性，返回整数，例如：

```
$("img").length
```

通过上述代码可以获取页面中<img>的个数。下面是一个稍微复杂的实例，会添加并计算页面中的<div>块，代码如下，实例文件请参考本书配套的资源文件：第 3 章\3-9.html。

```
1   <style type="text/css">
2     html{
3       cursor:help; font-size:12px;
4       font-family:Arial, Helvetica, sans-serif;
5     }
6     div{
7       border:1px solid #003a75;
8       background-color:#FFFF00;
9       margin:5px; padding:20px;
10      text-align:center;
11      height:20px; width:20px;
12      float:left;
13    }
14  </style>
15  <body>
16    <p>页面中一共有<span>9</span>个 div 块。单击鼠标添加 div：</p>
17
18    <script src="jquery-3.6.0.min.js"></script>
19    <script>
20    document.onclick = function(){
21      let i = $("div").length+1;  //获取<div>块的数目（此时还没有添加<div>块）
22      $(document.body).append($("<div>"+i+"</div>")); //添加 1 个<div>块
23      $("span").html(i);        //修改显示的总数
24    }
25    </script>
26  </body>
```

以上代码首先通过 document.onclick 为页面添加单击的响应函数。然后通过 length 获取页面中<div>块的个数，并且使用 append()为页面添加 1 个<div>块，然后利用 html()方法将总数显示在<span>标记中。运行结果如图 3.21 所示，随着鼠标的单击，<div>块在不断地增加。

图 3.21　通过 length 获取元素个数

< 46 >

3.3.2　提取元素

在 jQuery 的选择器中，如果想提取某个元素，直接的方法是采用方括号加序号（索引）的形式，例如：

```
$("img[title]")[1]
```

获取所有设置了 title 属性的<img>标记中的第 2 个元素。jQuery 提供了 get(index)方法来提取元素，以下代码与上面的完全等效：

```
$("img[title]").get(1)
```

另外 get()方法在不设置任何参数时，可以将元素转换为元素对象的数组，例如（本书配套资源文件：第 3 章\3-10.html）：

```
1   <style type="text/css">
2     div{
3       border:1px solid #003a75;
4       color:#CC0066;
5       margin:5px; padding:5px;
6       font-size:12px;
7       font-family:Arial, Helvetica, sans-serif;
8       text-align:center;
9       height:20px; width:20px;
10      float:left;
11    }
12  </style>
13  <body>
14    <div style="background:#FFFFFF">1</div>
15    <div style="background:#CCCCCC">2</div>
16    <div style="background:#999999">3</div>
17    <div style="background:#666666">4</div>
18    <div style="background:#333333">5</div>
19    <div style="background:#000000">6</div>
20
21    <script src="jquery-3.6.0.min.js"></script>
22    <script>
23      function disp(divs){
24        for(let i=0;i<divs.length;i++)
25          $(document.body).append($("<div style='background:"+divs[i].style.
              background+";'>"+divs[i].innerHTML+"</div>"));
26      }
27      $(function(){
28        let aDiv = $("div").get();  //转换为 div 对象的数组
29        disp(aDiv.reverse());   //反序并传给 disp()函数
30      });
31    </script>
32  </body>
```

以上代码将页面中的 6 个<div>块用 get()方法转换为数组，然后调用数组的反序方法 reverse()，并将反序的结果传给 disp()函数，再将其一个一个地显示在页面中。运行结果如图 3.22 所示。

< 47 >

图 3.22　get()方法

get(index)方法可以获取指定索引（index）的元素，index(element)方法可以查找元素（element）的索引，例如：

```
let iNum = $("li").index($("li[title=tom]")[0])
```

以上代码将获取\<li title="tom">标记在整个\<li>标记列表中的索引，并且会将该索引返回给整数 iNum。下面是 index(element)方法的典型运用，实例文件请参考本书配套的资源文件：第 3 章\3-11.html。

```
1   <style type="text/css">
2     body{
3       font-size:12px;
4       font-family:Arial, Helvetica, sans-serif;
5     }
6     div{
7       border:1px solid #003a75;
8       background:#fcff9f;
9       margin:5px; padding:5px;
10      text-align:center;
11      height:20px; width:20px;
12      float:left;
13      cursor:help;
14    }
15  </style>
16  <body>
17    <p>单击的<div>块序号为：<span></span></p>
18    <div>0</div><div>1</div><div>2</div><div>3</div><div>4</div><div>5</div>
19
20    <script src="jquery-3.6.0.min.js"></script>
21    <script>
22      $(function(){
23        //click()用于添加单击事件
24        $("div").click(function(){
25          //将块用 this 关键字传入 index()方法，从而获取其序号
26          let index = $("div").index(this);
27          $("span").html(index.toString());
28        });
29      });
30    </script>
31  </body>
```

以上代码将块用 this 关键字传入 index()方法，从而获取其序号，并且利用 click()添加单击事件，将序号显示出来，运行结果如图 3.23 所示。

< 48 >

图 3.23　index(element)方法

3.3.3　添加、删除、过滤

除了获取选择元素的相关信息外，jQuery 还提供了一系列方法来修改这些元素的集合。

1．向结果集中添加元素

可以利用 add()方法添加元素，例如下面的代码：

```
$("img[alt]").add("img[title]")
```

以上代码将所有设置了 alt 属性的<img>和所有设置了 title 属性的<img>组合在了一起，供别的方法统一调用，它完全等同于：

```
$("img[alt],img[title]")
```

例如可以对组合后的元素集合统一添加 CSS 属性，如下所示：

```
$("img[alt]").add("img[title]").addClass("myClass");
```

2．从结果集中删除元素

与 add()方法不同，not()方法可以删除元素集合中的某些元素，例如：

```
$("li[title]").not("[title*=tom]")
```

以上代码表示选中所有设置了 title 属性的<li>标记，但不包括 title 属性值中任意匹配字符串 tom 的那些元素。not()方法的典型运用如下，实例文件请参考本书配套的资源文件：第 3 章\3-12.html。

```
1   <style type="text/css">
2    div{
3      background:#fcff9f;
4      margin:5px; padding:5px;
5      height:40px; width:40px;
6      float:left;
7    }
8    .green{ background:#66FF66; }
9    .gray{ background:#CCCCCC; }
10   #blueone{ background:#5555FF; }
11   .myClass{
12     border:2px solid #000000;
13   }
14  </style>
15  <body>
16   <div></div>
17   <div id="blueone"></div>
18   <div></div>
19   <div class="green"></div>
```

< 49 >

```
20    <div class="green"></div>
21    <div class="gray"></div>
22    <div></div>
23
24    <script src="jquery-3.6.0.min.js"></script>
25    <script>
26      $(function(){
27        $("div").not(".green, #blueone").addClass("myClass");
28      });
29    </script>
30  </body>
```

以上代码中共有 7 个<div>块，其中 3 个没有设置任何类型或者 id，一个设置了 id 为 blueone，两个设置了样式为 green，另外一个设置了样式为 gray。jQuery 代码首先选中所有的<div>块，然后通过 not()方法删除样式为 green 和 id 为 blueone 的<div>块，最后给剩下的<div>块添加 CSS 样式 myClass，运行结果如图 3.24 所示。

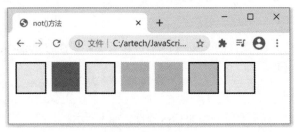

图 3.24　not()方法

需要注意的是，not()方法所接收的参数都不能包含特定的元素，而只能是通用的表达式，下面是典型的错误写法：

```
$("li[title]").not("img[title*=tom]")
```

正确写法为：

```
$("li[title]").not("[title*=tom]")
```

3．对结果集进行过滤

除了 add()和 not()外，jQuery 还提供了更强大的 filter()方法来筛选元素。filter()可以接收两种类型的参数，其中一种与 not()方法一样，接收通用的表达式，如下所示：

```
$("li").filter("[title*=tom]")
```

以上代码表示在<li>标记的列表中筛选出属性 title 的值任意匹配字符串 tom 的标记。这看上去与如下代码相似：

```
$("li[title*=tom]")
```

filter()主要用于 jQuery 语句的链接。filter()方法的基础运用如下，实例文件请参考本书配套的资源文件：第 3 章\3-13.html。

```
1  <style type="text/css">
2    div{
3      margin:5px; padding:5px;
4      height:40px; width:40px;
5      float:left;
```

< 50 >

```
6       }
7     .myClass1{
8       background:#fcff9f;
9     }
10    .myClass2{
11      border:2px solid #000000;
12    }
13  </style>
14  <body>
15    <div></div>
16    <div class="middle"></div>
17    <div class="middle"></div>
18    <div class="middle"></div>
19    <div class="middle"></div>
20    <div></div>
21
22    <script src="jquery-3.6.0.min.js"></script>
23    <script>
24      $(function(){
25        $("div").addClass("myClass1")
26          .filter("[class*=middle]").addClass("myClass2");
27      });
28    </script>
29  </body>
```

以上代码中有 6 个<div>块，中间 4 个设置了 class 属性的值为 middle。在 jQuery 代码中会首先给所有的<div>块都添加 myClass1 样式，然后通过 filter()方法将 class 属性的值为 middle 的<div>块筛选出来，再为它们添加 myClass2 样式。

其运行结果如图 3.25 所示，可以看到所有的<div>块都运用了 myClass1 的背景颜色，而只有被筛选出来的中间<div>块运用了 myClass2 的边框。

图 3.25　filter()方法一

请注意，在 filter()的参数中，不能使用直接的等于匹配(＝)，而只能使用前匹配(＾＝)、后匹配(&＝)或者任意匹配(＊＝)，例如例子中的 filter("[class*=middle]")如果被写成如下的语句，将得不到想要的过滤效果：

```
filter("[class=middle]")
```

filter()另外一种类型的参数是函数。这个功能非常强大，它可以让用户自定义筛选函数。该函数要求返回布尔值，对于返回值为 true 的元素则保留，否则删除。下面的例子展示了该方法的使用，实例文件请参考本书配套的资源文件：第 3 章\3-14.html。

```
1   <style type="text/css">
2     div{
3       margin:5px; padding:5px;
```

< 51 >

```
4        height:40px; width:40px;
5        float:left;
6      }
7      .myClass1{
8        background:#fcff9f;
9      }
10     .myClass2{
11       border:2px solid #000000;
12     }
13   </style>
14   <body>
15     <div id="first"></div>
16     <div id="second"></div>
17     <div id="third"></div>
18     <div id="fourth"></div>
19     <div id="fifth"></div>
20
21     <script src="jquery-3.6.0.min.js"></script>
22     <script>
23       $(function(){
24         $("div").addClass("myClass1").filter(function(index){
25           return index == 1 || $(this).attr("id") == "fourth";
26         }).addClass("myClass2");
27       });
28     </script>
29   </body>
```

以上代码首先将所有的<div>块赋予 myClass1 样式，然后利用 filter()返回的函数值将<div>列表中索引为 1、id 为 fourth 的元素筛选出来，并赋予它们 myClass2 样式，运行结果如图 3.26 所示。

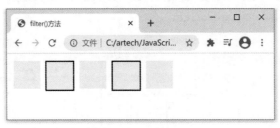

图 3.26   filter()方法二

3.3.4   查找

jQuery 还提供了一些很实用的"小方法"，可通过查询来获取新的元素集合。例如 find()方法可通过匹配选择器来筛选元素，如下所示：

```
$("p").find("span")
```

以上代码表示在所有<p>标记的元素中搜索<span>元素，以获得一个新的元素集合，它完全等同于如下代码：

```
$("span",$("p"))
```

实际运用 find()方法查找元素的示例代码如下，实例文件请参考本书配套的资源文件：第 3 章\3-15.html。

```
1    <style type="text/css">
2      .myClass{
```

< 52 >

```
3      background:#ffde00;
4    }
5  </style>
6  <body>
7    <p><span>Hello</span>, how are you?</p>
8    <p>Me? I'm <span>good</span>.</p>
9    <span>What about you?</span>
10
11   <script src="jquery-3.6.0.min.js"></script>
12   <script>
13     $(function(){
14       $("p").find("span").addClass("myClass");
15     });
16   </script>
17 </body>
```

其运行结果如图 3.27 所示，可以看到位于<p>元素中的<span>被运用了新的样式风格，而最后一行<span>没有任何变化。

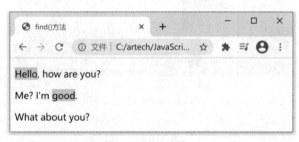

图 3.27　find()方法

另外还可以通过is()方法来检测被检对象中是否包含指定的元素，例如可以通过如下代码来检测页面的<div>块中是否包含图片：

```
let bHasImage = $("div").is("img");
```

is()方法返回布尔值，当至少包含一个匹配项时值为 true，否则为 false。

3.3.5 遍历

each(callback)方法主要用于对选择器中的元素进行遍历，它接收一个函数作为参数，该函数接收一个参数，指代元素的序号。对于标记的属性而言，可以利用 each()方法配合 this 关键字来获取或者设置选择器中每个元素相对应的属性值。例如（本书配套资源文件：第 3 章\3-16.html）：

```
1  <style type="text/css">
2    img{
3      border:1px solid #003863;
4    }
5  </style>
6  <body>
7    <img src="images/01.jpg" id="image01">
8    <img src="images/02.jpg" id="image02">
9    <img src="images/03.jpg" id="image03">
10   <img src="images/04.jpg" id="image04">
11   <img src="images/05.jpg" id="image05">
12
```

< 53 >

```
13    <script src="jquery-3.6.0.min.js"></script>
14    <script>
15      $(function(){
16        $("img").each(function(index){
17          this.title = "这是第" + (index+1) + "幅图, id是: " + this.id;
18        });
19      });
20    </script>
21  </body>
```

以上代码共涉及 5 幅图，其首先利用$("img")获取页面中所有图片的集合，然后通过 each()方法遍历所有图片，通过 this 关键字对图片进行访问，设置图片的 title 属性，并获取图片的 id。其中 each()方法的参数 index 为元素的序号（从 0 开始计数）。运行结果如图 3.28 所示。

图 3.28   each()方法

3.4 jQuery 链

从前面的例子中可以多次看到，jQuery 的语句可以链接在一起。这不仅可以缩短代码的长度，而且在很多时候可以实现特殊的效果。如下代码就采用了链式调用。

```
1  $("div")
2  .addClass("myClass1")
3  .filter(function(index){
4      return index == 1 || $(this).attr("id") == "fourth";
5  })
6  .addClass("myClass2");
```

以上代码先为整个<div>列表增加样式 myClass1，然后进行筛选，再为筛选出的元素单独增加样式 myClass2。如果不采用 jQuery 链，实现上述效果将非常麻烦。

在 jQuery 链中，后面的操作都是以前面的操作结果为对象的。

本章小结

选择器是 jQuery 中很重要的组成部分。本章首先介绍了 jQuery 支持的各种选择器，除了 CSS3 的选择器，jQuery 还扩展了一些；然后说明了如何根据某个元素方便地找到它的祖先元素、兄弟元素和后代元素。jQuery 选中的元素可以被看作一组元素，jQuery 提供了相关方法来处理它们，以便精确地从中找到需要的元素。请读者务必真正掌握这些知识，为后续的学习打下基础。

< 54 >

习题 3

一、关键词解释

选择器　遍历 DOM　子元素　父元素　祖先元素　兄弟元素　链式调用

二、描述题

1. 请简单描述一下本章介绍了几种类型选择器。

2. 请简单描述一下 children()、parent()、parents()和 siblings()各自的含义。

3. 请简单描述一下本章中介绍了哪些方法可以操作 jQuery 获取的元素，这些方法都是什么含义。

4. 请简单描述一下 jQuery 链式操作的优点。

三、实操题

题图 3.1 是一个常见的标签类别页面，请根据以下要求编写相应的程序。

（1）通过 jQuery 的 children()方法，调整页面中文字和标题的间距。

（2）为第一个菜单项添加类名，使标题实现题图 3.1 所示的样式效果；并通过 jQuery 链式操作找到标题下方的文字，设置文字颜色为红色；将其他菜单项下方文字的颜色设置为灰色。

（3）利用 CSS 设置鼠标指针移入标题后，标题的颜色由默认的黑色变为红色。

题图 3.1　标签类别页面

< 55 >

第 **4** 章 使用 jQuery 控制 DOM

前几章讲解了 jQuery 的基础知识,以及如何使用 jQuery。从本章开始将陆续介绍 jQuery 的实用功能。本章主要介绍 jQuery 如何控制页面,包括页面元素的属性、CSS 样式、DOM 节点、表单元素等。本章思维导图如下。

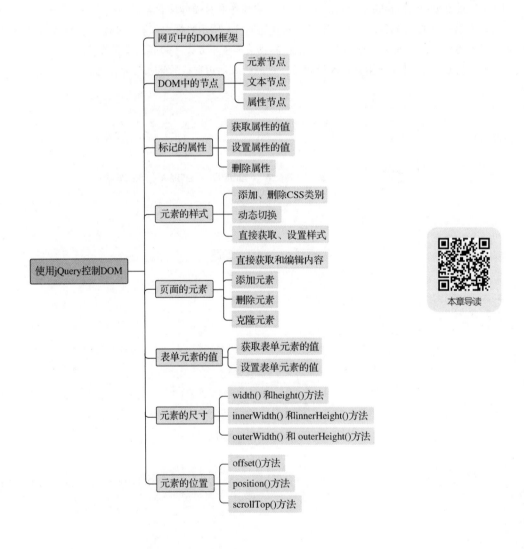

本章导读

知识点讲解

4.1 网页中的 DOM 框架

可以说 DOM 是网页的核心结构，无论是 HTML、CSS 还是 JavaScript，都和 DOM 密切相关。HTML 的作用是构建 DOM 结构，CSS 的作用是设定样式，而 JavaScript 则用于读取 DOM 以及控制、修改 DOM。

例如下面一段简单的 HTML 代码可以被分解为 DOM 节点层次图，如图 4.1 所示。

```
1    <html>
2    <hcad>
3        <meta charset="UTF-8">
4        <title>DOM Page</title>
5    </head>
6
7    <body>
8        <h2><a href="#tom">标题 1</a></h2>
9        <p>段落 1</p>
10       <ul id="myUl">
11           <li>JavaScript</li>
12           <li>DOM</li>
13           <li>CSS</li>
14       </ul>
15   </body>
16   </html>
```

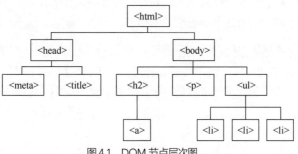

图 4.1 DOM 节点层次图

在图 4.1 中，<html>元素位于最顶端，它没有父元素，也没有兄弟元素，被称为 DOM 的根节点。可以发现，<html>有<head>和<body>两个分支，它们在同一层而互不包含，它们之间是"兄弟关系"，有着共同的父元素<html>。再往下看会发现<head>有两个子元素<meta>和<title>，它们互为兄弟元素，而<body>有 3 个子元素，分别是<h2>、<p>和<ul>。再继续深入还会发现<h2>和<ul>都有自己的子元素。

通过这样的关系划分，整个 HTML 文档的结构清晰可见，各个元素之间的关系可以很容易地表达出来，这正是 DOM 所实现的。

4.2 DOM 中的节点

节点（node）最初来源于计算机网络，它代表网络中的连接点，可以说网络就是由节点构成的集合。DOM 的情况很类似，文档也可以说是由节点构成的集合。在 DOM 中有 3 种节点，分别是元素节

< 57 >

点、文本节点和属性节点，本节将一一介绍。

4.2.1 元素节点

可以说整个 DOM 都是由元素节点（element node）构成的。图 4.1 中显示的所有节点（包括<html>、<body>、<h2>、<p>、<li>等）都是元素节点，各种标签便是这些元素节点的名称，例如文本段落元素的名称为 p，无序清单的名称为 ul 等。

元素节点可以包含其他的元素，例如上例中所有的项目列表<li>都包含在<ul>中，唯一没有被包含的就只有根元素<html>。

4.2.2 文本节点

在 HTML 中只用元素搭建框架是不够的，页面开发的最终目的是向用户展示内容。例如上例在<h2>标记中有文本"标题1"，项目列表<li>中有文本"JavaScript、DOM、CSS"。这些具体的文本在 DOM 中被称为文本节点（text node）。

在 XHTML（extensible hypertext markup language，可扩展超文本标记语言）文档里，文本节点总是被包含在元素节点中，但并不是所有的元素节点都包含文本节点。例如<ul>节点中就没有直接包含任何文本节点，只是包含了元素节点<li>，<li>中才包含着文本节点。

4.2.3 属性节点

页面中的元素，或多或少会有一些属性，例如几乎所有的元素都有一个 title 属性。开发者可以利用这些属性来对包含在元素中的对象做出更准确的描述，例如：

```
<a title="CSS" href="http://learning.artech.cn">Artech's Blog</a>
```

上面的代码中，title="CSS" 和 href="http://learning.artech.cn"就是两个属性节点（attribute node）。由于属性总是被放在标签中，因此属性节点总是被包含在元素节点中。各种节点的关系如图 4.2 所示。

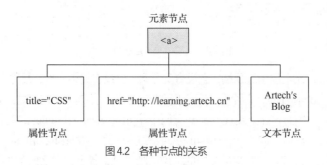

图 4.2　各种节点的关系

理解了 DOM 后，下面我们介绍如何使用 jQuery 来控制 DOM。JavaScript 本身支持操作 DOM，但是操作起来不够便捷，而使用 jQuery 就会非常方便。

4.3 标记的属性

在 HTML 中每一个标记都具有一些属性。本节将从 jQuery 的角度出发，进一步讲解对页面中标记

< 58 >

的属性的控制方法。

4.3.1　获取属性的值

除了遍历整个选择器中的元素，很多时候需要得到某个对象的某个特定属性的值，在 jQuery 中可以通过 attr(name)方法很轻松地实现这一点。该方法可获取元素集合中第一项的属性值，如果没有匹配项，则返回 undefined，例如（本书配套资源文件：第 4 章\4-1.html）：

```
1   <style type="text/css">
2     em{
3       color:#002eb2;
4     }
5     p{
6       font-size:14px;
7       margin:0px; padding:5px;
8       font-family:Arial, Helvetica, sans-serif;
9     }
10  </style>
11  <body>
12    <p>从前有一只大<em title="huge, gigantic">恐龙</em>……</p>
13    <p>在树林里面<em title="running">跑啊跑</em>……</p>
14    <p>title 属性的值是: <span></span></p>
15
16    <script src="jquery-3.6.0.min.js"></script>
17    <script>
18      $(function(){
19        const sTitle = $("em").attr("title"); //获取第一个<em>标记的 title 属性值
20        $("span").text(sTitle);
21      });
22    </script>
23  </body>
```

以上代码通过$("em").attr ("title")获取了第一个<em>标记的 title 属性值，运行结果如图 4.3 所示。

图 4.3　attr(name)方法

如果第一个<em>标记的 title 属性未被设置，如下所示：

```
1   <p>从前有一只大<em>恐龙</em>……</p>
2   <p>在树林里面<em title="running">跑啊跑</em>……</p>
```

那么$("em").attr ("title")将返回空值，而不是第二个<em>标记的 title 属性值。如果希望获取第二个<em>标记的 title 属性值，则可以通过位置选择器来完成，例如：

```
const sTitle = $("em:eq(1)").attr("title");
```

此时运行结果如图 4.4 所示。

< 59 >

图 4.4　获取第二个<em>标记的 title 属性值

4.3.2 设置属性的值

attr()方法除了可以获取元素的属性的值外，还可以设置属性的值，通用表达式为：

```
attr(name,value)
```

该方法会设置元素集合中所有项的属性 name 的值为 value，例如下面的代码将使页面中所有的外部超链接都在新窗口中打开：

```
$("a[href^=http://]").attr("target","_blank");
```

正因为该方法针对的是选择器中的所有元素，因此位置选择器在该方法中使用得十分频繁。例如使用 attr()方法设置属性的值，代码如下，实例文件请参考本书配套的资源文件：第 4 章\4-2.html。

```
1  <style type="text/css">
2   button{
3     border:1px solid #950074;
4     }
5  </style>
6  <body>
7   <button onclick="DisableBack()">第一个按钮</button> 
8   <button>第二个按钮</button> 
9   <button>第三个按钮</button> 
10
11  <script src="jquery-3.6.0.min.js"></script>
12  <script>
13    function DisableBack(){
14      $("button:gt(0)").attr("disabled","disabled");
15    }
16  </script>
17 </body>
```

通过位置选择器:gt(0)，可实现当单击第一个按钮时后面的两个按钮同时被禁用，运行结果如图 4.5 所示。

图 4.5　attr(name,value)方法

很多时候我们可能会希望属性值能够根据不同的元素有规律地变化，这时可以使用方法 attr(name,

< 60 >

fn)。它的第二个参数为函数，该函数接收一个参数（元素的序号），返回值为字符串，例如下面的代码，实例文件请参考本书配套的资源文件：第 4 章\4-3.html。

```
1    <style type="text/css">
2      div{
3        font-size:14px;
4        margin:0px; padding:5px;
5        font-family:Arial, Helvetica, sans-serif;
6      }
7      span{
8        font-weight:bold;
9        color:#794100;
10     }
11   </style>
12   <body>
13     <div>第 0 项 <span></span></div>
14     <div>第 1 项 <span></span></div>
15     <div>第 2 项 <span></span></div>
16
17     <script src="jquery-3.6.0.min.js"></script>
18     <script>
19       $(function(){
20         $("div").attr("id", function(index){
21           //将 id 属性的值设置为与序号相关的参数
22           return "div-id" + index;
23         }).each(function(){
24           //找到每一项的<span>标记
25           $(this).find("span").html("(id='" + this.id + "')");
26         });
27       });
28     </script>
29   </body>
```

以上代码通过 attr(name,fn) 将页面中所有<div>块的 id 属性的值设置为与序号相关的参数，并通过 each() 方法遍历<div>块，将 id 属性的值显示在每一项的<span>标记中，运行结果如图 4.6 所示。从中同样可以看出 jQuery 链的强大。

图 4.6　attr(name,fn) 方法

有的时候对于某些元素，我们可能会希望同时设置它们的很多不同属性，如果采用上面的方法则需要一个一个地设置属性，十分麻烦。然而 jQuery 很人性化，attr() 还提供了一个进行列表设置的 attr(properties) 方法，其可以同时设置多个属性，使用方式如下，实例文件请参考本书配套的资源文件：第 4 章\4-4.html。

```
1    <style type="text/css">
2      img{
```

< 61 >

```
3        border:1px solid #003863;
4      }
5    </style>
6    <body>
7      <img>
8      <img>
9      <img>
10     <img>
11     <img>
12
13     <script src="jquery-3.6.0.min.js"></script>
14     <script>
15       $(function(){
16         $("img").attr({
17           src: "06.jpg",
18           title: "紫荆公寓",
19           alt: "紫荆公寓"
20         });
21       });
22     </script>
23   </body>
```

以上代码对页面中所有的<img>标记进行了属性的统一设置，并同时设置了多个属性的值，运行结果如图 4.7 所示。

图 4.7　attr(properties)方法

4.3.3　删除属性

当设置某个元素的属性的值时，可以通过 removeAttr(name)方法将该属性的值删除。这时元素将恢复默认的设置，例如下面的代码将使所有按钮均不被禁用：

```
$("button").removeAttr("disabled")
```

> **注意**
>
> 通过 removeAttr(name)删除属性相当于在 HTML 的标记中不设置该属性，而并不是取消了该标记的这个属性。运行上述代码后，页面中的所有按钮依然可以被设置为禁用状态。

4.4　元素的样式

案例讲解

CSS 是页面不可分割的部分，jQuery 中提供了一些与 CSS 相关的实用方法，前文的例子中曾多次

< 62 >

使用 addClass()来为元素添加 CSS 样式。本节主要介绍 jQuery 如何设置页面的样式，包括添加、删除 CSS 类别，动态切换等。

4.4.1 添加、删除 CSS 类别

为元素添加 CSS 类别可采用 addClass(names)方法。倘若希望给某个元素同时添加多个 CSS 类别，依然可以用该方法，类别之间用空格分隔，例如（本书配套资源文件：第 4 章\4-5.html）：

```
1   <style type="text/css">
2     .myClass1{
3       border:1px solid #750037;
4       width:120px; height:80px;
5     }
6     .myClass2{
7       background-color:#ffcdfc;
8     }
9   </style>
10  <body>
11    <div></div>
12
13    <script src="jquery-3.6.0.min.js"></script>
14    <script>
15      $(function(){
16        //同时添加多个CSS类别
17        $("div").addClass("myClass1 myClass2");
18      });
19    </script>
20  </body>
```

以上代码为<div>块同时添加了 myClass1 和 myClass2 两个 CSS 类别，运行结果如图 4.8 所示。

图 4.8 同时添加两个 CSS 类别

与 addClass(names)相对应，removeClass(names)用于删除元素的 CSS 类别。如果需要同时删除多个类别，同样可以一次性实现，类别名称之间用空格分隔。这里不再举例说明，读者可以自行实验。

4.4.2 动态切换

很多时候我们可能会希望某些元素的样式可根据用户的操作状态来决定是否切换到某个类别，在这种情况下就要时而使用 addClass()添加这个类别，时而使用 removeClass()删除这个类别。jQuery()提供了一个直接的方法 toggleClass(name)来进行类似的操作，使用方式如下，实例文件请参考本书配套的资源文件：第 4 章\4-6.html。

```
1   <style type="text/css">
2     p{
3       color:blue; cursor:help;
```

< 63 >

```
4        font-size:13px;
5        margin:0px; padding:5px;
6      }
7      .highlight{
8        background-color:#FFFF00;
9      }
10  </style>
11  <body>
12    <p>高亮? </p>
13
14    <script src="jquery-3.6.0.min.js"></script>
15    <script>
16      $(function(){
17        $("p").click(function(){
18          //单击的时候不断切换
19          $(this).toggleClass("highlight");
20        });
21      });
22    </script>
23  </body>
```

以上代码首先设置了 CSS 类别 highlight，然后对<p>标记添加了鼠标单击事件，当单击鼠标时则对 highlight 样式进行切换，运行结果如图 4.9 所示。

图 4.9　toggleClass()方法

需要注意的是，在 toggleClass(name)方法中，只能设置一种 CSS 类别，不能同时对多个 CSS 类别进行切换，因此下面的代码是错误的：

```
$(this).toggleClass("highlight under");
```

4.4.3　直接获取、设置样式

与 attr()方法类似，jQuery 提供了 css()方法来直接获取、设置元素的样式。该方法的使用方法与 attr()的几乎一模一样，例如可以通过 css(name)来获取某种样式的值；通过 css(properties)列表来同时设置元素的多种样式；通过 css(name,value)来设置元素的某种样式。jQuery 直接设置元素的样式的例子如下，实例文件请参考本书配套的资源文件：第 4 章\4-7.html。

```
1  <body>
2    <p>把鼠标指针移动上来试试? </p>
3    <p>或者再移动出去? </p>
4
5    <script src="jquery-3.6.0.min.js"></script>
6    <script>
7      $(function(){
8        $("p").mouseover(function(){
9          $(this).css("color","red");
```

< 64 >

```
10        });
11        $("p").mouseout(function(){
12          $(this).css("color","black");
13        });
14      });
15    </script>
16  </body>
```

以上代码为<p>标记添加了 mouseover 和 mouseout 事件，当这两个事件被触发时代码就会通过 css(name,value)来修改标记的颜色，运行结果如图 4.10 所示。

图 4.10　css(name,value)方法

另外，值得一提的是，css()方法提供了用于设置透明度的 opacity 属性，并且解决了浏览器的兼容性问题，不需要开发者对 IE 和 Firefox 分别使用不同的方法来设置透明度。opacity 属性的值的取值范围为 0.0~1.0，代码如下，实例文件请参考本书配套的资源文件：第 4 章\4-8.html。

```
1  <style type="text/css">
2    body{
3      /* 设置背景图片，以突出透明度的效果 */
4      background:url(bg1.jpg);
5      margin:20px; padding:0px;
6    }
7    img{
8      border:1px solid #FFFFFF;
9    }
10 </style>
11 <body>
12   <img src="07.jpg">
13
14   <script src="jquery-3.6.0.min.js"></script>
15   <script>
16     $(function(){
17       //设置透明度，兼容性很好
18       $("img").mouseover(function(){
19         $(this).css("opacity","0.5");
20       });
21       $("img").mouseout(function(){
22         $(this).css("opacity","1.0");
23       });
24     });
25   </script>
26 </body>
```

以上代码的设计思路与上例的完全一样，只不过设置的对象为图片的透明度。其运行结果如图 4.11 所示。

< 65 >

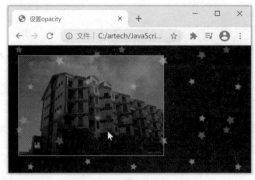

图 4.11　设置 opacity

另外，还可以通过 hasClass(name)方法来判断某个元素是否设置了某个 CSS 类别，如果设置了则返回 true，否则返回 false。例如：

```
$("li:last").hasClass("myClass")
```

hasClass()和 is()方法实现的效果一致，即上述代码与下面的代码实现的效果完全相同：

```
$("li:last").is(".myClass")
```

4.5 页面的元素

对于页面的元素，在 DOM 编程中可以通过各种查询、修改手段进行管理，但很多时候都非常麻烦。jQuery 提供了一整套方法来处理页面中的元素，包括元素的复制、移动、替换等，本节重点介绍一些常用的功能。

4.5.1 直接获取和编辑内容

在 jQuery 中，主要是通过 html()和 text()两个方法来获取和编辑页面内容的。其中 html()相当于获取节点的 innerHTML 属性；添加参数时，即方法为 html(text)时，则为设置 innerHTML。而 text()则相当于获取元素的纯文本，text(content)为设置纯文本。

这两个方法有时候会搭配使用，text()通常用于过滤页面中的标记，而 html(text)通常用于设置节点中的 innerHTML，例如（本书配套资源文件：第 4 章\4-9.html）：

```
1   <style type="text/css">
2     p{
3       margin:0px; padding:5px;
4       font-size:15px;
5     }
6   </style>
7   <body>
8     <p><b>文本</b>段 落<em>示</em>例</p>
9     <p></p>
10
11    <script src="jquery-3.6.0.min.js"></script>
12    <script>
13      $(function(){
```

< 66 >

```
14        const sString = $("p:first").text();  //获取纯文本
15        $("p:last").html(sString);
16      });
17    </script>
18  </body>
```

以上代码首先采用 text()方法将第一个<p>段落的纯文本提取出来，然后通过 html()将纯文本赋给第二个<p>段落，运行结果如图 4.12 所示，可以看到<b>（粗体）和<em>（斜体）等标记均被过滤掉了。

图 4.12 text()与 html()

这个例子对 text()和 html()进行了简单的讲解，下面的例子或许会让读者对这两种方法有更深入的认识，实例文件请参考本书配套的资源文件：第 4 章\4-10. html。

```
1   <style type="text/css">
2     p{
3       margin:0px; padding:5px;
4       font-size:15px;
5     }
6   </style>
7   <body>
8     <p><b>文本</b>段 落<em>示</em>例</p>
9
10    <script src="jquery-3.6.0.min.js"></script>
11    <script>
12      $(function(){
13        $("p").click(function(){
14          const sHtmlStr = $(this).html();   //获取 innerHTML
15          $(this).text(sHtmlStr);            //将代码作为纯文本传入
16        });
17      });
18    </script>
19  </body>
```

以上代码为<p>标记添加了鼠标单击事件，首先将<p>标记的 innerHTML 取出，然后将这些代码通过 text()作为纯文本再回传给<p>标记。运行结果如图 4.13 所示，分别为单击鼠标前、单击鼠标后、双击鼠标后的结果。

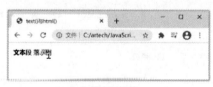

（a）单击鼠标前

（b）单击鼠标后

（c）双击鼠标后

图 4.13 text()与 html()

< 67 >

案例讲解

4.5.2　添加元素

在普通的 DOM 编程中，如果希望在某个元素的后面添加一个元素，通常会使用父元素的 appendChild()或者 insertBefore()，但很多时候需要反复寻找节点的位置，这十分麻烦。jQuery 中提供了 append()方法，可以用于直接为某个元素添加新的子元素，例如：

```
$("p").append("<b>直接添加</b>");
```

以上代码将为所有的<p>标记添加一段 HTML 代码作为子元素，如果希望只在某个单独的<p>标记中添加，则可以使用 jQuery 的位置选择器。例如使用 append()方法添加元素，代码如下，实例文件请参考本书配套的资源文件：第 4 章\4-11.html。

```
1   <style type="text/css">
2     em{
3       color:#002eb2;
4     }
5     p{
6       font-size:14px;
7       margin:0px; padding:5px;
8       font-family:Arial, Helvetica, sans-serif;
9     }
10  </style>
11  <body>
12    <p>从前有一只大<em title="huge, gigantic">恐龙</em>……</p>
13    <p>在树林里面<em title="running">跑啊跑</em>……</p>
14
15    <script src="jquery-3.6.0.min.js"></script>
16    <script>
17      $(function(){
18        //直接添加 HTML 代码
19        $("p:eq(1)").append("<b>直接添加</b>");
20      });
21    </script>
22  </body>
```

以上代码的运行结果如图 4.14 所示，可以看到该方法非常便捷。

图 4.14　append()方法

除了用于直接添加 HTML 代码，append()方法还可以用于添加固定的节点，例如：

```
$("p").append($("a"));
```

但这个时候情况会有一些不同。倘若须添加的目标<p>是唯一的元素，那么$("a")将会被移动到该元素的所有子元素的后面。而如果目标<p>是多个元素，那么$("a")将会以复制的形式在每个<p>中都添加一个子元素，而自身保持不变。例如使用 append()方法复制和移动元素，实例文件请参考本书配套

< 68 >

的资源文件：第 4 章\4-12.html。

```
1  <style type="text/css">
2    p{
3      font-size:14px; font-style:italic;
4      margin:0px; padding:5px;
5      font-family:Arial, Helvetica, sans-serif;
6    }
7    a:link, a:visited{
8      color:red;
9      text-decoration:none;
10   }
11   a:hover{
12     color:black;
13     text-decoration:underline;
14   }
15 </style>
16 <body>
17   <a href="#">要被添加的链接 1</a>
18   <a href="#">要被添加的链接 2</a>
19   <p>从前有一只大恐龙……</p>
20   <p>在树林里面跑啊跑……</p>
21
22   <script src="jquery-3.6.0.min.js"></script>
23   <script>
24     $(function(){
25       $("p").append($("a:eq(0)"));          //须添加的目标为多个<p>
26       $("p:eq(0)").append($("a:eq(1)"));   //须添加的目标是唯一的<p>
27     });
28   </script>
29 </body>
```

以上代码中设置了两个超链接<a>用于实现 append()操作。对于第一个超链接，须添加的目标为 $("p")，一共有 2 个<p>元素。对于第二个超链接，须添加的目标是唯一的<p>元素。运行结果如图 4.15 所示，可以看到两个超链接都是以移动的方式添加的。

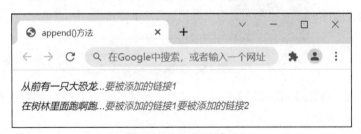

图 4.15　append()方法

另外，从上述运行结果还可以看出，append()后的<a>标记被运用了目标<p>的样式，它同时也保持了自身的样式。这是因为 append()是将<a>作为<p>的子标记进行添加的，将<a>放到了<p>的所有子标记（文本节点）的最后。

除了 append()方法外，jQuery 还提供了 appendTo(target)方法，用来将元素添加为指定目标的子元素，它的使用方法和运行结果与 append()的类似。例如使用 appendTo()方法复制和移动元素，实例文件请参考本书配套的资源文件：第 4 章\4-13.html。

< 69 >

```
1    <style type="text/css">
2    body{ margin:5px; padding:0px; }
3    p{ margin:0px; padding:1px 1px 1px 0px; }
4    img{
5        border:1px solid #003775;
6        margin:4px;
7    }
8    </style>
9
10   <body>
11       <img src="08.jpg"> <img src="09.jpg">
12       <hr>
13       <p><img src="10.jpg"></p>
14       <p><img src="10.jpg"></p>
15       <p><img src="10.jpg"></p>
16   </body>
```

在以上代码所表示的页面中，最上方有两幅图片，下方有 3 幅位于<p>元素中的重复的图片，如图 4.16 所示。

图 4.16　页面框架

对于第一幅图片，将其同时添加到 3 个<p>元素中，而对于第二幅图片，则将其单独添加到第一个<p>元素中，代码如下所示：

```
1    <script src="jquery-3.6.0.min.js"></script>
2    <script>
3    $(function(){
4        $("img:eq(0)").appendTo($("p"));              //须添加的目标为多个<p>
5        $("img:eq(0)").appendTo($("p:eq(0)"));        //须添加的目标是唯一的<p>
6    });
7    </script>
```

运行结果如图 4.17 所示，可以看到两幅图片都是以移动的方式添加的。

< 70 >

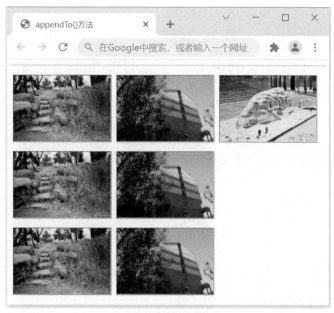

图 4.17　appendTo()方法

　　与 append()和 appendTo()相对应，jQuery 还提供了 prepend()和 prependTo()方法。这两种方法是将元素添加到目标的所有子元素之前，也都是以移动的方式添加元素的，这里不再一一介绍，读者可以自行实验。

　　除了上述 4 种方法外，jQuery 还提供了 before()、insertBefore()、after()和 insertAfter()用于将元素直接添加到某个节点之前或之后，而不是作为子元素插入。其中 before()与 insertBefore()的作用完全相同，after()与 insertAfter()的作用也完全相同。这里以 after()为例，直接将 4-12.html 中的 append()替换为 after()，代码如下，实例文件请参考本书配套的资源文件：第 4 章\4-14.html。

```
1   <style type="text/css">
2     p{
3       font-size:14px; font-style:italic;
4       margin:0px; padding:5px;
5       font-family:Arial, Helvetica, sans-serif;
6     }
7     a:link, a:visited{
8       color:red;
9       text-decoration:none;
10    }
11    a:hover{
12      color:black;
13      text-decoration:underline;
14    }
15  </style>
16  <body>
17    <a href="#">要被添加的链接 1</a>
18    <a href="#">要被添加的链接 2</a>
19    <p>从前有一只大恐龙……</p>
20    <p>在树林里面跑啊跑……</p>
21
22    <script src="jquery-3.6.0.min.js"></script>
```

< 71 >

```
23    <script>
24      $(function(){
25        $("p").after($("a:eq(0)"));          //须添加的目标为多个<p>
26        $("p:eq(1)").after($("a:eq(0)"));     //须添加的目标是唯一的<p>
27      });
28    </script>
29  </body>
```

运行结果如图 4.18 所示，可以看到 after()方法同样遵循"以移动的方式添加元素"的原则，并且元素不再作为子元素添加，而是作为紧接在目标元素之后的兄弟元素添加。

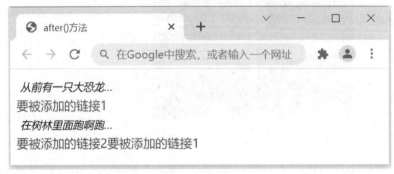

图 4.18 after()方法

4.5.3 删除元素

在 DOM 编程中，要删除某个元素往往需要借助它的父元素的 removeChild()方法，而 jQuery 提供了 remove()方法，可以直接将元素删除，例如下面的语句将实现删除页面中的所有<p>元素：

```
$("p").remove();
```

remove()可以接收参数，下面的例子为使用 remove()方法删除元素，实例文件请参考本书配套的资源文件：第 4 章\4-15.html。

```
1   <style type="text/css">
2     p{
3       font-size:14px;
4       margin:0px; padding:5px;
5     }
6     a:link, a:visited{
7       color:red;
8       text-decoration:none;
9     }
10    a:hover{
11      color:black;
12      text-decoration:underline;
13    }
14  </style>
15  <body>
16    <p>从前有一只大恐龙……</p>
17    <p>在树林里面跑啊跑……</p>
18    <a href="#">突然撞倒了一棵大树……</a>
19
```

< 72 >

```
20    <script src="jquery-3.6.0.min.js"></script>
21    <script>
22      $(function(){
23       $("p").remove(":contains('大')");
24      });
25    </script>
26  </body>
```

以上代码中的 remove()方法使用了过滤选择器，运行结果如图 4.19 所示，包含"大"的<p>元素被删除了。

图 4.19　remove()方法

虽然 remove()方法可以接收参数，但通常还是建议在使用选择器时就将要删除的对象确定，然后用 remove()一次性删除，例如上面的部分代码可以改为：

```
$("p:contains('大')").remove();
```

其效果与上面代码的效果是完全一样的，并且与其他代码的风格相统一。

在 DOM 编程中如果希望将某个元素的子元素全部删除，往往需要用 for 循环配合 hasChildNodes()来判断，并用 removeChildNode()逐一删除。jQuery 提供了 empty()方法来直接删除某个元素的所有子元素，例如（本书配套资源文件：第 4 章\4-16.html）：

```
1   <style type="text/css">
2     p{
3       border:1px solid #642d00;
4       margin:2px; padding:3px;
5       height:20px;
6     }
7   </style>
8   <body>
9     <p>从前有一只大恐龙……</p>
10    <p>在树林里面跑啊跑……</p>
11    <a href="#">突然撞倒了一棵大树……</a>
12
13    <script src="jquery-3.6.0.min.js"></script>
14    <script>
15      $(function(){
16        $("p").empty(); //删除所有子元素
17      });
18    </script>
19  </body>
```

以上代码首先为<p>元素添加 CSS 边框样式，然后使用 empty()方法删除其所有子元素，运行结果如图 4.20 所示。

< 73 >

图 4.20　empty()方法

4.5.4　克隆元素

在 4.5.2 小节中曾经提到过元素的复制和移动，这取决于目标对象的个数。很多时候开发者希望即使目标对象只有一个，也同样能执行复制操作。jQuery 提供了 clone()方法来完成这项任务。直接修改 4-13.html 的代码，添加 clone()方法，代码如下，实例文件请参考本书配套的资源文件：第 4 章\4-17.html。

```
1    <script>
2    $(function(){
3       $("img:eq(0)").clone().appendTo($("p"));
4       $("img:eq(1)").clone().appendTo($("p:eq(0)"));
5    });
6    </script>
```

以上代码在对象 appendTo()之前先通过 clone()获得一个副本，然后进行相关的操作，运行结果如图 4.21 所示。可以看到无论目标对象是一个还是多个，操作都是按照复制的方式进行的。

图 4.21　clone()方法

另外，clone()还可以接收布尔对象作为参数，当该参数的值为 true 时，除了"克隆"元素本身，它所携带的事件方法也将一起被复制，例如（本书配套资源文件：第 4 章\4-18.html）：

```
1    <style type="text/css">
2      input{
3        border:1px solid #7a0000;
```

< 74 >

```
4      }
5    </style>
6    <body>
7      <input type="button" value="Clone Me">
8
9      <script src="jquery-3.6.0.min.js"></script>
10     <script>
11       $(function(){
12         $("input[type=button]").click(function(){
13           //克隆按钮本身，并且克隆鼠标单击事件
14           $(this).clone(true).insertAfter(this);
15         });
16       });
17     </script>
18   </body>
```

以上代码会实现在用户单击按钮时克隆按钮本身，并且克隆鼠标单击事件。运行结果如图 4.22 所示，克隆出来的按钮同样具备克隆自己的功能。

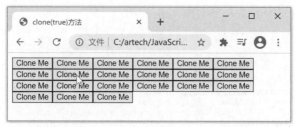

图 4.22　clone(true)方法

4.6 表单元素的值

表单元素<form>是与用户交互频繁的元素之一，它通过各种方式接收用户的数据，包括下拉框、单选项、多选项、文本框等。在表单元素的各个属性中，value 往往是最受关注的。jQuery 提供了强大的 val()方法来处理与 value 相关的操作，本节主要介绍该方法的运用。

4.6.1 获取表单元素的值

直接调用 val()方法可以获取选择器中第一个表单元素的 value 值，例如：

```
$("[name=radioGroup]:checked").val()
```

以上代码会直接获取 name 属性为 radioGroup 的表单元素中被选中的项的 value 值，十分快捷。对于某些表单元素（如<option>、<button>等），如果没有设置 value 值，则获取其显示的文本值。

如果选择器中第一个表单元素是多选的（例如多选下拉框），则 val()将返回由选中项的 value 值所组成的数组。

在 JavaScript 中使用 value 处理 select，其方法非常麻烦，如果采用 val()则可以直接获取选中项的 value 值，而不需要考虑是单选下拉框还是多选下拉框，使用方法如下，实例文件请参考本书配套的资源文件：第 4 章\4-19.html。

< 75 >

```
1    <style type="text/css">
2      select, p, span{
3        font-size:13px;
4        font-family:Arial, Helvetica, sans-serif;
5      }
6    </style>
7    <body>
8      <span></span><br>
9      <form method="post" name="myForm1">
10       <p>
11       <select id="constellation1">
12         <option value="Aries">白羊</option>
13         ......
14         <option value="Pisces">双鱼</option>
15       </select>
16       <select id="constellation2" multiple="multiple" style="height:120px;">
17         <option value="Aries">白羊</option>
18         ......
19         <option value="Pisces">双鱼</option>
20       </select>
21       </p>
22     </form>
23
24     <script src="jquery-3.6.0.min.js"></script>
25     <script>
26       function displayVals(){
27         //直接获取选中项的value值
28         let singleValues = $("#constellation1").val();
29         let multipleValues = $("#constellation2").val() || [];  //因为存在不选的情况
30         $("span").html("<b>Single:</b> " + singleValues +
31         "<br><b>Multiple:</b> " + multipleValues.join(", "));
32       }
33       $(function(){
34         //当修改选中项时调用
35         $("select").change(displayVals);
36         displayVals();
37       });
38     </script>
39   </body>
```

以上代码使用 val() 方法直接获取了 <select> 元素选中项的 value 值，按住 Ctrl 键或者 Shift 键，单击下拉框中的值，即多选，运行结果如图 4.23 所示。可以看到使用 jQuery 编写代码大大降低了代码的复杂度。

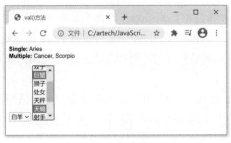

图 4.23　val()方法

< 76 >

4.6.2　设置表单元素的值

与 attr() 和 css() 一样，val() 可以用来设置元素的 value 值，运用方法大同小异，例如（本书配套资源文件：第 4 章\4-20.html）：

```
1   <style type="text/css">
2     input{
3       border:1px solid #006505;
4       font-family:Arial, Helvetica, sans-serif;
5     }
6     p{
7       margin:0px; padding:5px;
8     }
9   </style>
10  <body>
11    <p><input type="button" value="Feed">
12    <input type="button" value="the">
13    <input type="button" value="Input"></p>
14    <p><input type="text" value="click a button"></p>
15
16    <script src="jquery-3.6.0.min.js"></script>
17    <script>
18      $(function(){
19        $("input[type=button]").click(function(){
20          let sValue = $(this).val();            //先获取按钮的 value 值
21          $("input[type=text]").val(sValue); //将值赋给文本框
22        });
23      });
24    </script>
25  </body>
```

本例中使用了两次 val() 方法，一次用于获取按钮的 value 值，另一次用于将获取到的值赋给文本框。运行结果如图 4.24 所示。

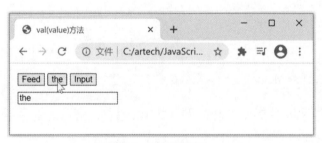

图 4.24　val(value)方法

4.7　元素的尺寸

知识点讲解

在 jQuery 中，想要获取或设置某一个元素的宽度和高度，可以使用 css() 方法来实现。不过，jQuery 提供了更多便捷的方法，可以用于更加灵活地设置元素的宽度和高度。下面先用图解的方式来表示元素尺寸，如图 4.25 所示。

< 77 >

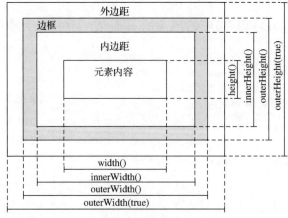

图 4.25 元素尺寸

元素尺寸一般由宽度和高度来表示。width()和 height()是两种配对的方法。下面介绍几种设置尺寸的重要方法。

4.7.1 width()和 height()方法

width()方法用于设置或返回元素的宽度（不包括内边距、边框和外边距）。height()方法用于设置或返回元素的高度（不包括内边距、边框和外边距）。下面的例子会获取指定的<div>元素的宽度和高度，实例文件请参考本书配套的资源文件：第 4 章\4-21.html。

```
1   <style>
2     div {
3       height: 100px;
4       width: 300px;
5       padding: 10px;
6       margin: 3px;
7       border: 1px solid #000;
8       background-color: yellow;
9     }
10  </style>
11  <body>
12    <div id="div1"></div>
13
14    <script src="jquery-3.6.0.min.js"></script>
15    <script>
16      $(function(){
17        let txt="";
18        txt+="<div> 的宽度是: " + $("#div1").width() + "<br>";
19        txt+="<div> 的高度是: " + $("#div1").height();
20        $("#div1").html(txt);
21      })
22    </script>
23  </body>
```

其运行结果如图 4.26 所示。

< 78 >

图 4.26 获取<div>的宽度和高度

以上为获取元素的宽度和高度，接下来演示设置元素的宽度和高度的操作，修改代码如下。

```
1   <script>
2     function showHeight() {
3       let txt="";
4       txt+="<div> 的宽度是: " + $("#div1").width() + "<br>";
5       txt+="<div> 的高度是: " + $("#div1").height();
6       $("#div1").html(txt);
7     }
8     $(function(){
9       showHeight()
10      $("#div1").click(function(){
11        $(this).width(400);
12        $(this).height(200);
13        // 显示修改之后的宽度和高度
14        showHeight()
15      });
16    })
17  </script>
```

默认情况是宽度为 300、高度为 100，单击<div>元素，宽度会变为 400、高度会变为 200，运行结果如图 4.27 所示。

图 4.27 获取并设置<div>的宽度和高度

4.7.2 innerWidth()和 innerHeight()方法

innerWidth()方法用于返回元素的宽度（包含内边距）。innerHeight()方法用于返回元素的高度（包含内边距）。下面的例子会获取和设置指定的<div>元素所包含内边距的宽度和高度，实例文件请参考本书配套的资源文件：第 4 章\4-22.html。

```
1   <script>
```

< 79 >

```
2     function showInnerHeight() {
3       let txt="";
4       txt+="<div> 的宽度是: " + $("#div1").width() + "<br>";
5       txt+="<div> 的高度是: " + $("#div1").height() + "<br>";
6       txt+="<div>包含内边距的宽度: "
7         + $("#div1").innerWidth() + "<br>";
8       txt+="<div>包含内边距的高度: "
9         + $("#div1").innerHeight();
10      $("#div1").html(txt);
11    }
12    $(function(){
13      showInnerHeight()
14      $("#div1").click(function(){
15        $(this).innerWidth(400);
16        $(this).innerHeight(200);
17        showInnerHeight()
18      });
19    })
20  </script>
```

通过 innerWidth()获取和设置元素高度的方法和 width()一样，这里就不分开说明获取和设置元素高度了，默认情况下为获取 innerWidth 和 innerHeight 的值，单击<div>并修改其 innerWidth 和 innerHeight 分别为 400 和 200，效果如图 4.28 所示。

图 4.28　获取和设置 innerWidth 和 innerHeight

4.7.3　outerWidth()和 outerHeight()方法

outerWidth()方法用于返回元素的宽度（包含内边距和边框）。outerHeight()方法用于返回元素的高度（包含内边距和边框）。下面的例子会获取和设置指定的<div>元素所包含内边距和边框的宽度与高度，实例文件请参考本书配套的资源文件：第 4 章\4-23.html。

```
1   <script>
2     function showOuterHeight() {
3       let txt="";
4       txt+="<div> 的宽度是: " + $("#div1").width() + "<br>";
5       txt+="<div> 的高度是: " + $("#div1").height() + "<br>";
6       txt+="<div>包含内边距和边框的宽度: "
7         + $("#div1").outerWidth() + "<br>";
8       txt+="<div>包含内边距和边框的高度: "
9         + $("#div1").outerHeight();
10      $("#div1").html(txt);
```

< 80 >

```
11      }
12    $(function(){
13      showOuterHeight();
14      $("#div1").click(function(){
15        $(this).outerWidth(400);
16        $(this).outerHeight(200);
17        showOuterHeight();
18      });
19    })
20  </script>
```

默认情况下为获取 outerWidth 和 outerHeight 的值，单击<div>并修改其 outerWidth 和 outerHeight 分别为 400 和 200，效果如图 4.29 所示。

图 4.29　获取和设置 outerWidth 和 outerHeight

4.8 元素的位置

除了获取元素尺寸的方法外，jQuery 还提供了获取元素位置的相关方法。主要涉及元素相对于浏览器左上角的位置，相对于已定位的祖先元素的位置，以及滚动条的位置。下面一一介绍。

4.8.1　offset()方法

offset()方法用于返回或设置匹配元素相对于文档的偏移（位置），即元素相对于浏览器左上角的位置。offset()方法会返回元素坐标。该方法返回的对象包含两个整型属性——top 和 left，以像素计。此方法只对可见元素有效。例如（本书配套资源文件：第 4 章\4-24.html）：

```
1   <style>
2     div {
3       height: 100px; width: 200px; background-color: yellow;
4       position: absolute; left: 100px;top; 100px;
5     }
6   </style>
7   <body>
8     <div id="div1"></div>
9
10    <script src="jquery-3.6.0.min.js"></script>
11    <script>
12      function showOffset() {
13        let txt="";
```

< 81 >

```
14        txt+="<div>与浏览器左侧的距离是: " + $("#div1").offset().left + "<br>";
15        txt+="<div>与浏览器顶部的距离是: " + $("#div1").offset().top;
16        $("#div1").html(txt);
17      }
18      $(function(){
19        showOffset();
20        $("#div1").click(function(){
21          $(this).offset({ left: 50px, top: 50px });
22          showOffset();
23        });
24      })
25    </script>
26  </body>
```

默认<div>与浏览器左侧（left）和浏览器顶部（top）的距离都是 100px，单击<div>元素，设置<div>与浏览器左侧和浏览器顶部的距离都是 50px，效果如图 4.30 所示。

图 4.30　获取并设置<div>的位置

4.8.2　position()方法

position()方法用于返回匹配元素相对于祖先元素的位置。这里的祖先元素指的是有定位的祖先元素，如果祖先元素没有定位，那么 position()方法返回的坐标和 offset()方法的相同。例如（本书配套资源文件：第 4 章\4-25.html）：

```
1   <style>
2     #parent {
3       width: 300px; height: 200px; border: 1px solid #000;
4       position: relative; left: 50px; top: 50px;
5     }
6     #child {
7       width: 200px; height: 100px; background: yellow;
8       position: absolute; left: 100px; top: 100px;
9     }
10  </style>
11  <body>
12    <div id="parent">
13      <div id="child"></div>
14    </div>
15    <script src="jquery-3.6.0.min.js"></script>
16    <script>
17      function showPosition() {
```

< 82 >

```
18        let txt="";
19        txt+="子元素距离父元素左侧: " + $("#child").position().left + "<br>";
20        txt+="子元素距离父元素顶部: " + $("#child").position().top;
21        $("#child").html(txt);
22      }
23      $(function(){
24        showPosition()
25        $("#child").click(function(){
26          $(this).css({ left: 50px, top: 50px })
27          showPosition();
28        });
29      })
30    </script>
31  </body>
```

父元素距离浏览器左侧和顶部都是 50px，子元素（相对于父元素）默认距离父元素左侧和顶部都是 100px；单击子元素，子元素就会变为（相对于父元素）距离父元素左侧和顶部都是 50px，效果如图 4.31 所示。

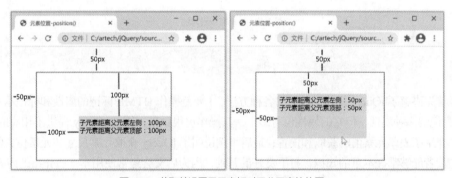

图 4.31　获取并设置子元素相对于父元素的位置

4.8.3　scrollTop()方法

scrollTop()方法用于返回或设置匹配元素的滚动条的垂直位置。scroll top offset 指的是滚动条相对于其顶部的偏移。如果该方法未设置参数，则返回以像素计的相对于滚动条顶部的偏移。例如（本书配套资源文件：第 4 章\4-26.html）：

```
1   <style>
2     div {
3       width: 200px; height: 100px;
4       border: 1px solid #000;
5       overflow: auto;
6     }
7   </style>
8   <body>
9     <div>
10      <p>这是一个段落</p>
11      <p>这是一个段落</p>
12      <p>这是一个段落</p>
13      <p>这是一个段落</p>
14      <p>这是一个段落</p>
```

< 83 >

```
15      <p>这是一个段落</p>
16      <p>这是一个段落</p>
17    </div>
18    <script src="jquery-3.6.0.min.js"></script>
19    <script>
20      $('div').click(function() {
21        $(this).scrollTop(100);
22      })
23    </script>
24  </body>
```

如图 4.32 所示，滚动条默认在顶部，单击<div>元素，内容就会滚动 100px。

图 4.32　scrollTop()方法

本章小结

本章首先讲解了 jQuery 操作 DOM 的各种方法，主要是操作 HTML 标记的属性和标记本身的方法（样式是标记的一种属性，但它的属性值有多个，其操作也很频繁，因此 jQuery 提供了相应的方法）；然后简单介绍了表单元素值的获取和设置；最后举例说明了 jQuery 获取元素尺寸和元素位置的相关功能。希望读者能够掌握本章的知识，打下良好的基础，因为后文会经常使用本章所介绍的内容。

习题 4

一、关键词解释

DOM　DOM 的节点　克隆　元素尺寸　元素位置

二、描述题

1. 请简单描述一下 DOM 中的节点有哪几种。
2. 请简单描述一下本章中是如何获取和设置属性值的，又是如何删除属性的。
3. 请简单描述一下本章中介绍了哪几种方式来设置页面的样式。
4. 请简单描述一下本章中 jQuery 是如何操作页面元素的。
5. 请简单描述一下本章中是如何获取和设置表单元素的值的。
6. 请简单描述一下本章中介绍的元素的尺寸有哪些，它们的含义分别是什么。
7. 请简单描述一下本章中介绍的元素位置的相关函数有哪些，它们的含义分别是什么。

三、实操题

页面中有一个"二级导航栏"，如题图 4.1 所示。请实现如下效果。

（1）随着页面往上滚动，"二级导航栏"滚动到顶部时会吸顶，如题图 4.2 所示。

（2）随着页面往下滚动，"二级导航栏"滚动到初始位置后，就会恢复为默认效果。

< 84 >

题图 4.1　"二级导航栏"默认效果

题图 4.2　"二级导航栏"吸顶效果

< 85 >

第 **5** 章 jQuery 事件

前文讲解了如何选中页面元素，并对其进行各种处理。本章将介绍如何使用 jQuery 处理事件，并与用户进行交互。事件可以说是 JavaScript 引人注目的特性之一，因为它提供了一个平台，让用户不仅可以浏览页面中的内容，而且能够跟页面进行交互。使用 JavaScript 处理事件比较复杂，jQuery 被引入后，其对事件进行了统一的规范，并且提供了很多便捷的方法。本章主要讲解 jQuery 如何处理页面中的事件以及相关的问题。本章思维导图如下。

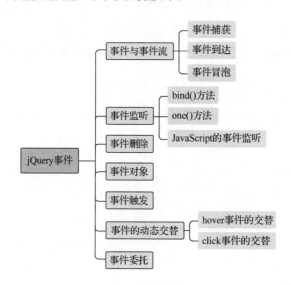

本章导读

5.1 事件与事件流

知识点讲解

事件是发生在 HTML 元素上的某些特定的事情，而定义它的目的是使页面具有某些行为，执行某些动作。类比生活中的例子，学生听到上课铃响，就会走进教室。这里"上课铃响"就是事件，"走进教室"就是响应事件的动作。

在网页中，通常已经预先定义好了很多事件，开发人员可以编写相应的事件处理程序来响应相应的事件。

事件可以是浏览器行为，也可以是用户行为。例如下面 3 个都是事件。

- 一个页面完成加载。
- 某个按钮被单击。
- 鼠标指针被移到了某个元素上。

页面随时都会产生各种各样的事件，绝大部分事件我们并不需要关注，我们只需要关注特定的少量事件。例如鼠标指针在页面上移动的每时每刻都在产生鼠标移动事件，但是除非我们希望鼠标移动时产生某些特殊的效果或行为，否则一般情况下我们不会关心这些事件的发生。因此，对于一个事件，重要的是发生的对象和事件的类型，我们仅须关心特定目标的特定类型的事件。

例如当某个特定的<div>元素被单击时，我们希望弹出一个对话框，那么我们就会关注这个<div>元素的鼠标单击事件，然后针对它编写事件处理程序。这里先了解一下事件的概念，后面我们再具体讲解如何编写相关代码。

了解了事件的概念后，还需要了解事件流这个概念，由于 DOM 是树形结构，因此当某个子元素被单击时，它的父元素实际上也被单击了，它的父元素的父元素也被单击了，一直到根元素。因此单击一次鼠标产生的并不是一个事件，而是一系列事件，这一系列事件就组成了事件流。

一般情况下，当某个事件发生的时候，实际上都会产生事件流，但我们并不需要对事件流中的所有事件编写事件处理程序进行处理，而只对我们关注的那一个事件进行处理就可以了。

既然事件发生时总是以流的形式一次发生，那么一定要分清先后顺序。图 5.1 说明了事件流发生的顺序。假设某个页面上有一个<div>元素，该元素中有一个<p>元素，单击<p>元素，则单击所产生的事件流顺序如图 5.1 所示。

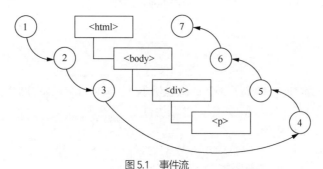

图 5.1　事件流

总体来说，浏览器产生事件流分为 3 个阶段。从最外层的根元素<html>开始依次向下，称为"捕获阶段"；到达目标元素时，称为"到达阶段"；然后依次向上回到根元素，称为"冒泡阶段"。

DOM 规范中规定，捕获阶段不会命中事件，但是实际上目前的各种浏览器对此都进行了扩展。这里仅进行概念描述，等到后面介绍完具体的编程方法后，我们再来验证这里所述的概念。

5.2　事件监听

知识点讲解

页面中的事件都需要函数来响应，这类函数通常被称为事件处理（event handler）函数；从另外一个角度来说，这些函数时时都在监听着是否有事件发生，因此它们也被称为事件监听（event listener）函数。

5.2.1　bind()方法

在 jQuery 中可以通过 bind()对事件进行监听，其相当于标准 DOM 的 addEventListener()，使用方法基本相同。例如使用 jQuery 监听单击事件，代码如下，实例文件请参考本书配套的资源文件：第 5 章\5-1.html。

```
1    <style type="text/css">
2       img{
```

< 87 >

```
3        border:1px solid #000000;
4      }
5    </style>
6    <body>
7      <img src="11.jpg">
8      <div id="show"></div>
9
10     <script src="jquery-3.6.0.min.js"></script>
11     <script>
12       $(function(){
13         $("img")
14           .bind("click",function(){
15             $("#show").append("<div>单击事件1</div>");
16           })
17           .bind("click",function(){
18             $("#show").append("<div>单击事件2</div>");
19           })
20           .bind("click",function(){
21             $("#show").append("<div>单击事件3</div>");
22           });
23       });
24     </script>
25   </body>
```

以上代码给图片元素<img>绑定了 3 个 click 监听事件，其运行结果如图 5.2 所示。

图 5.2 bind()

bind()方法的通用语法为：

```
bind(eventType,[data],Listener)
```

其中，eventType 表示事件的类型，事件可以是：blur、focus、load、resize、scroll、unload、click、dblclick、mousedown、mouseup、mousemove、mouseover、mouseout、mouseenter、mouseleave、change、select、submit、keydown、keypress、keyup、error。data 为可选参数，用来传递一些特殊的数据以供事件监听函数使用。而 Listener 为事件监听函数，以上例子中使用的是匿名函数。

对于多个事件类型，如果希望使用同一个事件监听函数，则可以将事件同时添加在 eventType 中，事件之间用空格分离，例如：

```
1    $("p").bind("mouseenter mouseleave", function(){
2        $(this).toggleClass("over");
3    });
```

< 88 >

另外，一些特殊的事件可以直接利用事件名称作为绑定函数，接收参数为事件监听函数，例如前面多次使用的：

```
1   $("p").click(function(){
2       //添加 click 事件的事件监听函数
3   });
```

其通用语法为：

```
eventTypeName(fn)
```

可以使用的 eventTypeName 包括 blur、focus、load、resize、scroll、unload、click、dblclick、mousedown、mouseup、mousemove、mouseover、mouseout、change、select、submit、keydown、keypress、keyup、error 等。

5.2.2　one()方法

除了 bind()外，jQuery 还提供了一个很实用的 one()方法来绑定事件。该方法绑定的事件被触发后会自动删除，不再生效，例如（本书配套资源文件：第 5 章\5-2.html）：

```
1   <style type="text/css">
2     div{
3       border:1px solid #000000;
4       background:#fffd77;
5       height:50px; width:50px;
6       padding:8px; margin:5px;
7       text-align:center;
8       font-size:13px;
9       font-family:Arial, Helvetica, sans-serif;
10      float:left;
11     }
12  </style>
13  <body>
14
15    <script src="jquery-3.6.0.min.js"></script>
16    <script>
17      $(function(){
18        //首先创建10 个<div>块
19        for(let i=0;i<10;i++)
20          $(document.body).append($("<div>Click<br>Me!</div>"));
21        let iCounter=1;
22        //每个都用 one()绑定 click 事件
23        $("div").one("click",function(){
24          $(this).css({background:"#8f0000", color:"#FFFFFF"})
25              .html("Clicked!<br>"+(iCounter++));
26        });
27      });
28    </script>
29  </body>
```

以上代码首先在页面中创建了 10 个<div>块，然后对每一个块都用 one()方法绑定了事件 click 的事件监听函数。当单击<div>块时，事件监听函数执行一次后便随即消失，不再生效。运行结果如图 5.3 所示。

< 89 >

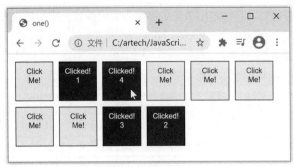

图 5.3　只监听一次的 one()方法

5.2.3　JavaScript 的事件监听

知识点讲解

使用 jQuery 监听事件非常方便，但 jQuery 不支持在捕获阶段触发事件。我们有必要了解 JavaScript 处理事件的方式，jQuery 在此基础上进行了封装。

1．简单的行内写法

通常对于简单的事件，没有必要编写大量复杂的代码，直接在 HTML 的标签中就可以定义事件处理函数，而且通常其兼容性很好，例如在下面的代码中，给<p>元素添加了一个 onclick 属性，并直接通过 JavaScript 语句定义了如何响应鼠标单击事件：

```
<p onclick="alert('我被单击了');">Click Me</p>
```

这种写法虽然方便，但是有两个缺点：（1）如果有多个元素，且需要有相同的事件处理方式，则仍需要为每个元素单独写代码，这样就很不方便；（2）这种写法不符合"结构"与"行为"分离的指导思想。因此可以使用下面介绍的更常用的规范方法。

2．设置事件监听函数

标准 DOM 定义了两个方法分别用于添加和删除事件监听函数，即addEventListener()和removeEventListener()。参考下面的实例代码，实例文件请参考本书配套的资源文件：第 5 章\5-3.html。

```
1  <body>
2    <div>
3      <p>这是一个段落<p>
4    </div>
5  <script>
6  document
7    .querySelectorAll("*")
8    .forEach(element => element.addEventListener('click',
9      (event) => {
10      console.log(event.target.tagName
11      + " - " + event.currentTarget.tagName
12      + " - " + event.eventPhase);
13     },
14     false  //在冒泡阶段触发事件
15  ));
16  </script>
17  </body>
```

在这个案例中，先通过 document.querySelectorAll("*")方法获得页面上的所有元素，然后为结果集

< 90 >

合中的每一个元素添加事件监听函数。事件监听函数带有 3 个参数：第 1 个参数是事件的名称，例如 click 事件指的就是鼠标单击事件；第 2 个参数是一个函数，我们在这里做的就是在控制台输出事件对象的 3 个属性；第 3 个参数用于指定事件触发的阶段，可以省略此参数，默认值是 false，即在冒泡阶段触发事件。

运行上述代码后，可以看到页面上只有一行段落文字，用鼠标指针单击该段落后，控制台就会立即出现如下结果：

```
1   P - P - 2
2   P - DIV - 3
3   P - BODY - 3
4   P - HTML - 3
```

结果中的每一行输出表示 3 个信息：事件目标的标记名称，事件在某个阶段的目标的标记，事件所处的阶段。例如：在第 1 行中，第 1 个 P 表示事件目标的标记名称是 P，第 2 个 P 表示当前所处阶段的目标的标记是<P>，第 3 个信息表示当前所处的阶段，数字 2 表示到达阶段；在第 2 行中，第 1 个 P 表示事件目标的标记名称是 P，第 2 个信息（DIV）表示当前所处阶段的目标的标记是<DIV>，第 3 个信息表示当前所处的阶段，数字 3 表示冒泡阶段。

这个结果正说明了 5.1 节中我们介绍的事件流中各个事件的发生顺序。在默认情况下，事件发生在冒泡阶段，因此，第 1 行是到达单击事件的目标时触发的，然后开始冒泡；第 2 行是冒泡到达父元素<div>时触发的，依次类推。

如果稍稍修改上面的代码，将 addEventListener()函数的第 3 个参数改为 true，实例文件请参考本书配套的资源文件：第 5 章\5-4.html。

```
1   document
2     .querySelectorAll("*")
3     .forEach(element => element.addEventListener('click',
4       (event) => {
5         console.log(event.target.tagName
6         + " - " + event.currentTarget.tagName
7         + " - " + event.eventPhase);
8       },
9       true  //在捕获阶段触发事件
10  ));
```

这时控制台输出的结果就跟刚才的不同了，可以看到 4 行结果的顺序正好反过来了，数字 3 变成了数字 1，表示捕获阶段。

```
1   P - HTML - 1
2   P - BODY - 1
3   P - DIV - 1
4   P - P - 2
```

这个例子正好验证了 5.1 节图中所描述的事件的响应顺序，即先从根元素向下一直到目标元素，然后向上冒泡一直回到根元素。此外，设置事件监听函数常常被称为给元素绑定事件监听函数。

通常情况下，我们都使用默认事件冒泡机制。因此，如果一个容器元素（比如<div>）里面有多个同类子元素，则给这些子元素绑定同一个事件监听函数，通常有两个方法：（1）选出所有的子元素，然后分别给它们绑定事件监听函数；（2）把事件监听函数绑定到这个容器元素上，然后在函数内部过滤出需要的子元素，最后进行处理。

最后总结一下，事件监听函数的格式是：

< 91 >

```
[object].addEventListener("event_name", fnHandler, bCapture);
```

相应地，removeEventListener()方法用于删除某个事件监听函数，这里不再举例说明。

5.3 事件删除

案例讲解

在 jQuery 中采用 unbind()来删除事件，该方法可以接收 2 个可选的参数，也可以不设置任何参数，例如下面的代码表示删除<div>标记的所有事件：

```
$("div").unbind();
```

而下面的代码则表示删除<p>标记的所有单击事件：

```
$("p").unbind("click")
```

如果希望删除某个指定的事件，则必须使用 unbind(eventType,listener)方法的第 2 个参数，如下所示：

```
1  let myFunc = function () {
2  //事件监听函数体
3  };
4
5  $("p").bind("click", myFunc);
6  $("p").unbind("click", myFunc);
```

在 5-1.html 对应的例子中，如果希望单击某个按钮便删除事件 1 的事件监听函数，则不能再采用匿名函数的方式，代码如下，实例文件请参考本书配套的资源文件：第 5 章\5-5.html。

```
1  <body>
2    <img src="11.jpg"> <input type="button" value="删除事件1">
3    <div id="show"></div>
4
5    <script src="jquery-3.6.0.min.js"></script>
6    <script>
7     $(function(){
8      let fnMyFunc1;                     //函数变量
9      $("img")
10       .bind("click",fnMyFunc1 = function(){  //函数变量赋值
11         $("#show").append("<div>单击事件1</div>");
12       })
13       .bind("click",function(){
14         $("#show").append("<div>单击事件2</div>");
15       })
16       .bind("click",function(){
17         $("#show").append("<div>单击事件3</div>");
18       });
19      $("input[type=button]").click(function(){
20        $("img").unbind("click",fnMyFunc1);    //删除事件监听
21      });
22     });
23    </script>
24  </body>
```

< 92 >

以上代码在 5-1.html 的基础上添加了函数变量 fnMyFunc1，使用 bind()实现绑定时将匿名函数赋值给它，从而将它作为 unbind()中的函数名称来进行调用。运行结果如图 5.4 所示，单击按钮后事件 1 将不再被触发。

图 5.4　unbind(eventType,listener)

5.4　事件对象

案例讲解

通过 JavaScript 中的事件对象常用的属性和方法，可以看出事件对象在不同浏览器之间存在很大的区别。在 jQuery 中，事件对象是通过唯一的参数传递给事件监听函数的，例如（本书配套资源文件：第 5 章\5-6.html）：

```
1   <style type="text/css">
2     body{
3       font-family:Arial, Helvetica, sans-serif;
4       font-size:14px;
5       margin:0px; padding:5px;
6     }
7     p{
8       background:#ffe476;
9       margin:0px; padding:5px;
10    }
11  </style>
12  <body>
13    <p>Click Me!</p>
14    <span></span>
15
16    <script src="jquery 3.0.0.min.js"></script>
17    <script>
18     $(function(){
19       $("p").bind("click", function(e){ //传递事件对象e
20         let sPosPage = "(" + e.pageX + "," + e.pageY + ")";
21         let sPosScreen = "(" + e.screenX + "," + e.screenY + ")";
22         $("span").html("<br>Page: " + sPosPage
23           + "<br>Screen: " + sPosScreen);
24       });
25     });
```

< 93 >

```
26      </script>
27  </body>
```

上面的代码给<p>绑定了鼠标单击事件监听函数，并将事件对象作为参数进行传递，从而获取了鼠标单击事件触发点的坐标值。两次单击不同位置的运行结果如图 5.5 所示。

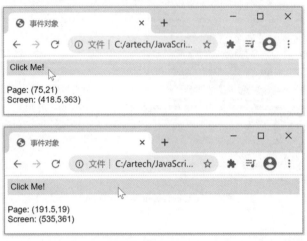

图 5.5　事件对象

对于事件对象的属性和方法，jQuery 重要的工作就是替开发者解决兼容性问题。事件对象常用的属性和方法如表 5.1 所示。

表 5.1　事件对象常用的属性和方法

属性/方法	说明
altKey	按 Alt 键则值为 true，否则值为 false
ctrlKey	按 Ctrl 键则值为 true，否则值为 false
keyCode	对于 keyup 和 keydown 事件，返回按键的值（"a" 和 "A" 的值是一样的，都为 65）
pageX, pageY	鼠标指针在客户端区域的坐标，不包括工具栏、滚动条等
relatedTarget	鼠标单击事件中鼠标指针所 "进入" 或 "离开" 的元素
screenX, screenY	鼠标指针相对于整个计算机屏幕的坐标值
shiftKey	按 Shift 键则值为 true，否则值为 false
target	触发事件的元素/对象
type	事件的名称，如 click、mouseover 等
which	键盘事件中表示按键的 Unicode 值，鼠标单击事件中表示按键的值（1 表示鼠标左键、2 表示鼠标中键、3 表示鼠标右键）
stopPropagation()	阻止事件向上冒泡
preventDefault()	阻止事件的默认行为

⚠️ 注意

在 jQuery 的事件处理函数中，return false 可以同时阻止事件冒泡和事件的默认行为，相当于同时调用 stopPropagation()和 preventDefault()。

< 94 >

5.5　事件触发

案例讲解

　　有时候开发者希望用户在没有进行任何操作的情况下也能触发事件，例如希望页面加载后自动先单击一次按钮来运行事件监听函数；希望单击某个特定按钮时其他所有按钮同时被单击等。jQuery 提供了 trigger(eventType)方法来实现事件的触发，其中参数 eventType 为合法的事件类型，例如 click、submit 等。

　　下面的例子中有两个按钮，它们分别有自己的事件监听函数。单击按钮 1 时运行按钮 1 的事件监听函数，单击按钮 2 时除了运行按钮 2 的事件监听函数外，还会运行按钮 1 的事件监听函数，仿佛按钮 1 也被同时单击了。实例文件请参考本书配套的资源文件：第 5 章\5-7.html。

```
1   <style type="text/css">
2     input{
3       font-family:Arial, Helvetica, sans-serif;
4       font-size:13px;
5       margin:0px; padding:4px;
6       border:1px solid #002b83;
7     }
8     div{
9       font-family:Arial, Helvetica, sans-serif;
10      font-size:12px; margin:2px;
11    }
12  </style>
13  <body>
14    <input type="button" value="按钮1">
15    <input type="button" value="按钮2"><br><br>
16    <div>按钮1单击次数: <span>0</span></div>
17    <div>按钮2单击次数: <span>0</span></div>
18
19    <script src="jquery-3.6.0.min.js"></script>
20    <script>
21      function Counter(oSpan){
22        let iNum = parseInt(oSpan.text());   //将<span>元素中的文本转换为数字
23        oSpan.text(iNum + 1);                //单击次数加1
24      }
25      $(function(){
26        $("input:eq(0)").click(function(){
27          Counter($("span:first"));
28        });
29        $("input:eq(1)").click(function(){
30          Counter($("span:last"));
31          $("input:eq(0)").trigger("click");//触发按钮1的单击事件
32        });
33      });
34    </script>
35  </body>
```

　　以上代码在按钮 2 的事件监听函数中调用了按钮 1 的 trigger("click")方法，使按钮 1 同时被单击。运行结果如图 5.6 所示，当单击按钮 2 时两个按钮对应的单击次数同时增长。

< 95 >

图 5.6 事件触发

对于特殊的事件类型，如 blur、change、click、focus、select、submit 等，还可以直接将事件名称作为触发函数。对于这个例子，以下两条触发按钮 1 的单击事件的语句是"等价"的。

```
1    $("input:eq(0)").trigger("click");
2    //等价于
3    $("input:eq(0)").click();
```

5.6 事件的动态交替

案例讲解

jQuery 提供了便捷的方法，使得两个事件监听函数可以被交替调用，例如 hover 事件的交替和 click 事件的交替，下面分别介绍它们。

5.6.1 hover 事件的交替

可以通过 CSS 的:hover 伪类选择器进行鼠标指针的感应，以设置单独的 CSS 样式。当引入 jQuery 后，Web 页面中的几乎所有元素都可以通过 hover()方法来直接感应鼠标指针，并且可以制作更复杂的效果，其本质是 mouseover 和 mouseout 事件的合并。

hover(over, out)方法接收两个参数，两个参数均为函数。第一个 over 函数在鼠标指针移动到对象上时被触发，第二个 out 函数在鼠标指针移动到对象外时被触发，使用方法如下，实例文件请参考本书配套的资源文件：第 5 章\5-8.html。

```
1    <style type="text/css">
2      body{
3        /* 设置背景图片，以突出透明度的效果 */
4        background:url(bg1.jpg);
5        margin:20px; padding:0px;
6      }
7      img{
8        border:1px solid #FFFFFF;
9      }
10   </style>
11   <body>
12     <img src="12.jpg">
13
14     <script src="jquery-3.6.0.min.js"></script>
15     <script>
16       $(function(){
17         $("img").hover(
```

< 96 >

```
18        function(oEvent){
19          //第一个函数相当于 mouseover 的事件监听函数
20          $(oEvent.target).css("opacity","0.5");
21        },
22        function(oEvent){
23          //第二个函数相当于 mouseout 的事件监听函数
24          $(oEvent.target).css("opacity","1.0");
25        }
26      );
27    });
28  </script>
29 </body>
```

运行结果如图 5.7 所示，从中可以看出元素对鼠标的响应。

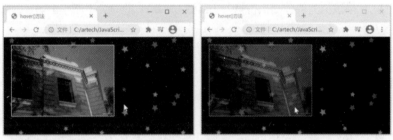

图 5.7　hover()方法

5.6.2 click 事件的交替

jQuery 没有提供类似 hover()的方法来处理单击事件，但我们可以模拟实现类似的效果，自定义一个 clickToggle()方法，其接收两个参数，两个参数都是函数。代码如下，实例文件请参考本书配套的资源文件：第 5 章\5-9.html。

```
1  <style type="text/css">
2    body{
3      /* 设置背景图片，以突出透明度的效果 */
4      background:url(bg1.jpg);
5      margin:20px; padding:0px;
6    }
7    img{
8      border:1px solid #FFFFFF;
9    }
10 </style>
11 <body>
12   <img src="07.jpg">
13
14   <script src="jquery-3.6.0.min.js"></script>
15   <script>
16     jQuery.fn.clickToggle = function(a,b) {
17       let t = 0;
18       return this.bind("click", function (){
19         t+=1;
20         if (t%2===1) a.call(this);
21         else b.call(this);
22       });
```

< 97 >

```
23        };
24   $(function(){
25        $("img").clickToggle(
26          function(){
27            $("img").css("opacity","0.5");
28          },
29          function(){
30            $("img").css("opacity","1.0");
31          }
32        );
33      });
34    </script>
35   </body>
```

clickToggle()方法中设置了一个变量 t，每次单击鼠标后该变量的值加 1，如果该值为奇数则执行第一个函数 a.call()，如果该值为偶数则执行第二个函数 b.call()。此时，不断单击图片，图片的透明度将交替变化，如图 5.8 所示。

图 5.8　图片透明度交替变化

5.7 事件委托

案例讲解

前面我们介绍了事件绑定的方法，使用事件绑定时，绑定事件的元素必须存在。如果我们想在之后添加到 DOM 的元素上绑定事件，则需要使用事件委托。事件委托允许将事件监听器附加到父元素上，与选择器匹配的所有后代元素都能够触发相应的监听事件，无论这些后代元素是已经存在还是在之后被添加。jQuery 的事件委托语法如下：

```
$(selector).on(event,childSelector,function)
```

先选中父元素，接着在后代元素上委托事件，设置事件监听函数。先观察一个未使用事件委托的例子，代码如下，实例文件请参考本书配套的资源文件：第 5 章\5-10.html。

```
1   <style type="text/css">
2    div{
3      border:1px solid #000000;
4      background:#fffd77;
5      height:50px; width:50px;
6      padding:8px; margin:5px;
7      text-align:center;
8      font-size:13px;
9      font-family:Arial, Helvetica, sans-serif;
10     float:left;
11    }
```

< 98 >

```
12    </style>
13    <body>
14     <!--绑定 click 事件时已存在的元素-->
15     <div>Click<br>Me!</div>
16     <script src="jquery-3.6.0.min.js"></script>
17     <script>
18       $(function(){
19         //绑定 click 事件
20         $("div").bind("click",function(){
21           $(this).css({background:"#8f0000", color:"#FFFFFF"})
22             .html("Clicked!<br>");
23         });
24         //新增加一个元素
25         $(document.body).append($("<div>Click<br>Me!</div>"));
26       });
27     </script>
28    </body>
```

上述例子中为所有<div>绑定 click 事件，绑定前<body>中存在一个<div>，绑定事件后又动态追加了一个<div>。此时单击两个<div>的结果如图 5.9 所示。

图 5.9　未使用事件委托

可以看到，单击第二个<div>没有触发 click 事件。如果换成事件委托的方式，代码如下：

```
1    $("body").on("click", "div", function(){
2      $(this).css({background:"#8f0000", color:"#FFFFFF"}).html("Clicked!<br>");
3    });
```

此时单击两个<div>都会触发 click 事件，效果如图 5.10 所示。

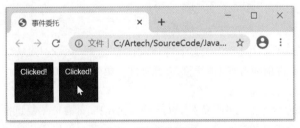

图 5.10　使用事件委托

通过事件冒泡机制，我们知道单击子元素的事件会向上传到父元素。jQuery 的事件委托利用了事件冒泡机制，父元素会分析冒泡事件，如果是指定的子元素触发的，则执行对应的处理函数。在处理动态添加的元素时，使用事件委托非常必要，例如处理通过 AJAX 加载的局部元素。

类似 bind()和 unbind()，取消事件委托使用如下语法：

```
$(selector).off(event,childSelector)
```

< 99 >

5.8 综合实例：快餐在线

案例讲解

如今网上订餐的服务越来越多，对快餐进行自由组合很受广大消费者的青睐。本例运用前面介绍的 jQuery 知识，制作简易的快餐选择页面，效果如图 5.11 所示。

图 5.11　页面效果

5.8.1 框架搭建

快餐作为一种便捷食品，并不需要太多类型的菜，通常是每个类型的菜选择一种进行搭配。菜的类型包括凉菜、素菜、荤菜、热汤等。每个类型的菜有不同的价格，并且可细分为各种菜，用户可以根据个人的喜好和食量，选择不同的菜和数量，因此页面框架如图 5.12 所示。

图 5.12　页面框架

图 5.12 所示的框架将快餐分为 4 个类型，每一个类型前面都有一个复选框，当用户选中复选框时才能填写数量。对于每个类型的菜而言，都有一组单选项（菜名）供用户选择。最后根据用户的选择和填写的数量计算价格。因此页面的 HTML 框架（只列出了凉菜部分）如下所示：

```
1   <body>
2   <div>
3   1. <input type="checkbox" id="LiangCaiCheck"><label for="LiangCaiCheck">凉菜
    </label>
4   <span price="0.5"><input type="text" class="quantity"> ¥<span></span>元</span>
```

< 100 >

```
5      <div class="detail">
6          <label><input type="radio" name="LiangCai" checked="checked">拍黄瓜</label>
7          <label><input type="radio" name="LiangCai">香油豆角</label>
8          <label><input type="radio" name="LiangCai">特色水豆腐</label>
9          <label><input type="radio" name="LiangCai">香芹醋花生</label>
10     </div>
11  </div>
12  ……
13  <div id="totalPrice"></div>
14  </body>
```

从框架中可以看到每个类型的菜都被置于一个<div>块中,其中包含复选框和一个<div>子块,<div>子块用来存放每个类型的菜的细节选项,每一项都是一个 radio 单选项,并且每一项的付费金额都在<span>标记中,最后将总价格放在单独的<div id="totalPrice">中。

这里需要特别指出的是,框架中将每种类型的菜的标价放在一个<span>标记的自定义的属性 price 中,这样做虽然不符合严格的 W3C（world wide web consortium,万维网联盟）标准,但十分方便。

> ⚠️ **注意**
>
> 关于是否应该使用自定义标记属性,一直是 JavaScript 开发所争论的话题之一。严格来说,自定义标记属性会使页面无法通过标准的 Web 测试,但它所带来的便利却显而易见。

5.8.2　添加事件

搭建好 HTML 框架后便需要对用户的操作予以响应。

1．显示/隐藏子菜单

首先对于用户不选的菜种,没有必要显示菜的细节名称,这是框架中将单选项放在统一的<div class="detail">里的原因。

添加 CSS 类别,使得加载页面时所有菜种的细节均不显示,如下所示:

```
1  div.detail{
2      display:none;
3  }
```

当用户修改复选框的选中状态时,根据选中情况对子菜单进行显示/隐藏,如下所示:

```
1  <script src="jquery-3.6.0.min.js"></script>
2  <script>
3  $(function(){
4      $(":checkbox").click(function(){
5          let bChecked = this.checked;
6          //如果选中复选框则显示子菜单
7          $(this).parent().find(".detail")
8            .css("display", bChecked?"block":"none");
9      });
10  });
11  </script>
```

2．处理菜品数量

另外,在用户没有选中复选框时,输入数量的文本框应当被禁用,因此加载页面时需要对文本框

< 101 >

进行统一设置，如下所示：

```
1   $(function(){
2     //省略其他代码
3
4     $("span[price] input[type=text]")
5       .attr({
6         "disabled":true,      //文本框为隐藏的
7         "value":"1",          //表示份数的 value 值为 1
8         "maxlength":"2"       //最多只能输入两位数
9       });
10  });
```

进一步考虑，当用户修改复选框的选中状态时，文本框由禁用状态变为可输入状态，并且进行自动聚焦。同时将文本框的值设置为 1（因为可能之前填写了数量，又取消了选中复选框），如下所示：

```
1   $(":checkbox").click(function(){
2     let bChecked = this.checked;
3     //如果选中复选框则显示子菜单
4
5   $(this).parent().find(".detail").css("display",bChecked?"block":"none");
6     $(this).parent().find("input[type=text]")
7         //每次改变复选框的选中状态，都将值重置为 1
8         .attr("disabled",!bChecked).val(1)
9         .each(function(){
10            //需要聚焦判断，因此采用 each() 来插入语句
11            if(bChecked) this.focus();
12        });
13  });
```

此时页面效果如图 5.13 所示。

图 5.13　选中复选框才显示细节

3．计算价格

在用户向文本框中填写数量的同时计算单独的价格以及总价格，代码如下所示：

```
1   $("span[price] input[type=text]").change(function(){
2     //根据单价和数量计算价格
3     $(this).parent().find("span")
4       .text($(this).val() * $(this).parent().attr("price"));
5
6     addTotal();    //计算总价格
```

< 102 >

```
7    });
8
9    function addTotal(){
10       //计算总价格的函数
11       let fTotal = 0;
12       //对于选中的复选框须进行遍历
13       $(":checkbox:checked").each(function(){
14           //获取每一个菜的数量
15           let iNum = parseInt($(this).parent().find("input[type=text]").val());
16           //获取每一个菜的单价
17           let fPrice = parseFloat($(this).parent().find("span[price]").attr("price"));
18           fTotal += iNum * fPrice;
19       });
20       $("#totalPrice").html("合计￥"+fTotal+"元");
21    }
```

另外，在文本框从禁用状态变为可输入状态的过程中应付金额发生了变化，因此应该计算价格，之前的代码应修改为：

```
1    $(this).parent().find("input[type=text]")
2        //每次改变复选框的选中状态，都将值重置为1，触发change事件，重新计算价格
3        .attr("disabled",!bChecked).val(1).change()
4        .each(function(){
5            //需要聚焦判断，因此采用each()来插入语句
6            if(bChecked) this.focus();
7        });
```

而且页面在加载时应该初始化价格，让每项显示出单价，总价格显示为 0 元，因此采用前文介绍的事件触发，如下所示：

```
1    //加载页面完成后，统一设置文本框
2    $("span[price] input[type=text]")
3        .attr({"disabled":true,     //文本框为隐藏的
4               "value":"1",          //表示份数的value值为1
5               "maxlength":"2"       //最多只能输入两位数
6        }).change();                 //触发change事件，让<span>显示出价格
```

此时运行结果如图 5.14 所示，所有功能都添加完毕。

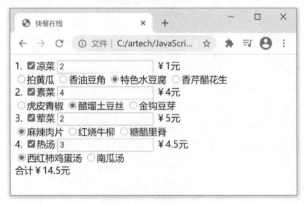

图 5.14　添加事件

< 103 >

5.8.3 样式

当页面的功能全部实现后，考虑到实用性，必须用 CSS 对其进行优化。这里不再一一讲解 CSS 的各个细节，直接给出实例的完整代码供读者参考，实例文件请参考本书配套的资源文件：第 5 章\5-11.html。

```
1    <style type="text/css">
2      body{
3        padding:0px;
4        margin:165px 0px 0px 160px;
5        font-size:12px;
6        font-family:Arial, Helvetica, sans-serif;
7        color:#FFFFFF;
8        background:#000000 url(bg2.jpg) no-repeat;
9      }
10     body > div{
11       margin:5px; padding:0px;
12     }
13     div.detail{
14       display:none;
15       margin:3px 0px 2px 15px;
16     }
17     div#totalPrice{
18       padding:10px 0px 0px 280px;
19       margin-top:15px;
20       width:85px;
21       border-top:1px solid #FFFFFF;
22     }
23     input{
24       font-size:12px;
25       font-family:Arial, Helvetica, sans-serif;
26     }
27     input.quantity{
28       border:1px solid #CCCCCC;
29       background:#3f1415; color:#FFFFFF;
30       width:15px; text-align:center;
31       margin:0px 0px 0px 210px
32     }
33   </style>
34   <body>
35     <div>
36       1. <input type="checkbox" id="LiangCaiCheck"><label for="LiangCaiCheck">
          凉菜</label>
37       <span price="0.5"><input type="text" class="quantity"> ￥<span></span>元
          </span>
38       <div class="detail">
39         <label><input type="radio" name="LiangCai" checked="checked">拍黄瓜</label>
40         <label><input type="radio" name="LiangCai">香油豆角</label>
41         <label><input type="radio" name="LiangCai">特色水豆腐</label>
42         <label><input type="radio" name="LiangCai">香芹醋花生</label>
43       </div>
44     </div>
45
46     <div>
```

< 104 >

```
47    2. <input type="checkbox" id="SuCaiCheck"><label for="SuCaiCheck">素菜</label>
48    <span price="1"><input type="text" class="quantity"> ￥<span></span>元</span>
49    <div class="detail">
50      <label><input type="radio" name="SuCai" checked="checked">虎皮青椒</label>
51      <label><input type="radio" name="SuCai">醋熘土豆丝</label>
52      <label><input type="radio" name="SuCai">金钩豆芽</label>
53    </div>
54  </div>
55
56  <div>
57    3. <input type="checkbox" id="HunCaiCheck"><label for="HunCaiCheck">荤菜</label>
58    <span price="2.5"><input type="text" class="quantity"> ￥<span></span>元</span>
59    <div class="detail">
60      <label><input type="radio" name="HunCai" checked="checked"/>麻辣肉片</label>
61      <label><input type="radio" name="HunCai">红烧牛柳</label>
62      <label><input type="radio" name="HunCai">糖醋里脊</label>
63    </div>
64  </div>
65
66  <div>
67    4. <input type="checkbox" id="SoupCheck"><label for="SoupCheck">热汤</label>
68    <span price="1.5"><input type="text" class="quantity"> ￥<span></span>元</span>
69    <div class="detail">
70      <label><input type="radio" name="Soup" checked="checked"/>西红柿鸡蛋汤</label>
71      <label><input type="radio" name="Soup">南瓜汤</label>
72    </div>
73  </div>
74
75  <div id="totalPrice"></div>
76
77  <script src="jquery-3.6.0.min.js"></script>
78  <script>
79    function addTotal(){
80      //计算总价格的函数
81      let fTotal = 0;
82      //对于选中的复选框须进行遍历
83      $(":checkbox:checked").each(function(){
84        //获取每一个的数量
85        let iNum = parseInt($(this).parent().find("input[type=text]").val());
86        //获取每一个的单价
87        let fPrice = parseFloat($(this).parent().find("span[price]").attr("price"));
88        fTotal += iNum * fPrice;
89      });
90      $("#totalPrice").html("合计￥"+fTotal+"元");
91    }
92    $(function(){
93      $(":checkbox").click(function(){
94        let bChecked = this.checked;
95        //如果选中复选框则显示子菜单
96        $(this).parent().find(".detail")
```

< 105 >

```
97              .css("display",bChecked?"block":"none");
98          $(this).parent().find("input[type=text]")
99          //每次改变复选框的选中状态，都将值重置为1，触发 change 事件，重新计算价格
100         .attr("disabled",!bChecked).val(1).change()
101         .each(function(){
102            //需要聚焦判断，因此采用 each()来插入语句
103            if(bChecked) this.focus();
104         });
105      });
106      $("span[price] input[type=text]").change(function(){
107         //根据单价和数量计算价格
108         $(this).parent().find("span")
109            .text($(this).val() * $(this).parent().attr("price"));
110         addTotal();                 //计算总价格
111      });
112      //加载页面完成后，统一设置文本框
113      $("span[price] input[type=text]")
114         .attr({ "disabled":true,    //文本框为隐藏的
115            "value":"1",            //表示份数的 value 值为1
116            "maxlength":"2"         //最多只能输入两位数
117         }).change();               //触发 change 事件，让<span>显示出价格
118      });
119  </script>
120  </body>
```

其运行结果如图 5.15 所示。

图 5.15　快餐在线

本章小结

在本章中，首先简单介绍了事件与事件流的概念，然后说明了 jQuery 对事件的处理逻辑，包括绑定事件、取消绑定事件、事件对象、事件触发和事件委托。最后通过一个案例，介绍了综合运用 jQuery 的功能来响应表单中的多个事件，并对 DOM 做出对应的处理。希望读者不仅能够熟练使用 jQuery 处理事件，还能够理解浏览器中事件的处理机制。

< 106 >

习题 5

一、关键词解释

事件　事件流　事件捕获　事件冒泡　事件监听　事件对象　事件触发　事件委托

二、描述题

1. 请简单描述一下事件捕获和事件冒泡的区别。
2. 请简单描述一下如何阻止事件冒泡和事件的默认行为。
3. 请简单列出常用的事件监听函数。
4. 请简单列出常用的事件对象的属性和方法。
5. 请简单描述一下本章中在什么场景下使用了事件委托。

三、实操题

在第 1 章习题部分实操题的基础上，将单击事件的行内写法改为 jQuery 的 bind() 方法，并实现按下 Enter 键也可以添加目录的功能。

< 107 >

第 **6** 章　jQuery 的功能函数

在 JavaScript 编程中，开发者通常需要编写很多小程序来实现一些特定的功能，例如字符串的处理、数组的编辑、类型的判断等。jQuery 对一些常用的程序进行了总结，提供了很多实用的功能函数。本章主要围绕这些功能函数对 jQuery 进行进一步的介绍。本章思维导图如下。

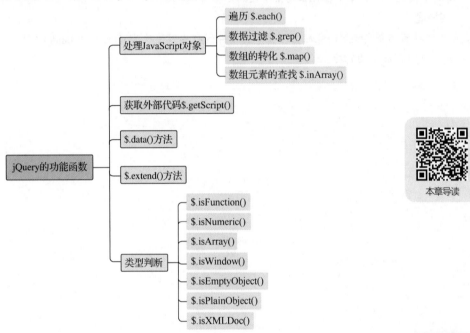

本章导读

6.1　处理 JavaScript 对象

案例讲解

在 JavaScript 编程中，可以说一切变量（如字符串、日期、数值等）都是对象。jQuery 提供了一些便捷的方法来处理相关的对象，例如前面提到的$.trim()就是其中之一。本节通过实例对一些常用的功能函数进行简要介绍。

6.1.1　遍历

前面介绍过$.each()函数，该函数用于对元素进行遍历。同样，对于 JavaScript 的数组或者对象，可以使用$.each()函数进行遍历，其语法如下所示：

```
$.each(object,fn);
```

其中 object 为需要遍历的对象，fn 为 object 中的每个元素都会执行的函数。函数 fn 可以接收两个参数，第一个参数为数组元素的序号或者对象的属性，第二个参数为元素或者属性的值。例如使用$.each()函数遍历数组和对象，代码如下，实例文件请参考本书配套的资源文件：第 6 章\6-1.html。

```
1   <!DOCTYPE html>
2   <html>
3   <head>
4     <title>$.each()函数</title>
5   </head>
6   <body>
7     <script src="jquery-3.6.0.min.js"></script>
8     <script>
9     let aArray = ["one", "two", "three", "four", "five"];
10    $.each(aArray,function(iNum,value){
11      //针对数组
12      document.write("序号:" + iNum + " 值:" + value + "<br>");
13    });
14    let oObj = {one:1, two:2, three:3, four:4, five:5};
15    $.each(oObj, function(property,value) {
16      //针对对象
17      document.write("属性:" + property + " 值:" + value + "<br>");
18    });
19    </script>
20  </body>
21  </html>
```

运行结果如图 6.1 所示。可以看到使用$.each()遍历数组和对象都十分方便。

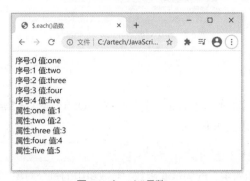

图 6.1 　$.each()函数

另外，对于一些不熟悉的对象，用$.each()函数能很好地获取其中的属性值。例如对于 window. navigator 对象，如果不清楚其中包含的属性，则可以用$.each()进行遍历，代码如下，实例文件请参考本书配套的资源文件：第 6 章\6-2.html。

```
1   <!DOCTYPE html>
2   <html>
3   <head>
4   <title>$.each()函数</title>
5   <script src="jquery-3.6.0.min.js"></script>
6   <script>
7   $.each(window.navigator, function(property,value) {
8       //遍历对象 window.navigator
```

< 109 >

```
9        document.write("属性:" + property + " 值:" + value + "<br>");
10   });
11   </script>
12   </head>
13   <body>
14   </body>
15   </html>
```

以上代码会直接对 window.navigator 对象进行遍历，以获取它的属性和值，运行结果如图 6.2 所示。window.navigator 对象有很多属性，其中 userAgent 经常用于判断用户的操作系统和浏览器的类型。

图 6.2 遍历对象 window.navigator

6.1.2 数据过滤

对于数组中的数据，很多时候开发者希望进行筛选。jQuery 提供了 $.grep() 函数，使用它能够很便捷地过滤数组中的数据，其语法如下所示：

```
$.grep(array, fn, [invert])
```

其中 array 为需要过滤的数组对象，fn 为过滤函数，对数组中的每个对象，如果返回 true 则保留，否则删除。可选的 invert 的值为布尔值，如果其被设置为 true 则函数 fn 的规则取反，即满足条件的对象被删除。下面的例子会使用 jQuery 过滤数组元素，实例文件请参考本书配套的资源文件：第 6 章\6-3.html。

```
1    <!DOCTYPE html>
2    <html>
3    <head>
4      <title>$.grep()函数</title>
5    </head>
6    <body>
7
8      <script src="jquery-3.6.0.min.js"></script>
9      <script>
10     let aArray = [2, 9, 3, 8, 6, 1, 5, 9, 4, 7, 3, 8, 6, 9, 1];
11     let aResult = $.grep(aArray,function(value){
```

< 110 >

```
12       return value > 4;
13     });
14     document.write("aArray: " + aArray.join() + "<br>");
15     document.write("aResult: " + aResult.join());
16   </script>
17 </body>
18 </html>
```

在上面的例子中首先定义了数组 aArray，然后用$.grep()函数将值大于 4 的元素挑选出来，从而得到新的数组 aResult。运行结果如图 6.3 所示。

图 6.3 $.grep()函数

另外，过滤函数可以接收第二个参数，即数组元素的索引，从而使开发者可以更加灵活地控制过滤结果，代码如下，实例文件请参考本书配套的资源文件：第 6 章\6-4.html。

```
1  <!DOCTYPE html>
2  <html>
3  <head>
4    <title>$.grep()函数</title>
5  </head>
6  <body>
7
8    <script src="jquery-3.6.0.min.js"></script>
9    <script>
10     let aArray = [2, 9, 3, 8, 6, 1, 5, 9, 4, 7, 3, 8, 6, 9, 1];
11     let aResult = $.grep(aArray,function(value, index){
12       //对元素的值（value）和索引（index）同时进行判断
13       return (value > 4 && index > 3);
14     });
15     document.write("aArray: " + aArray.join() + "<br>");
16     document.write("aResult: " + aResult.join());
17   </script>
18 </body>
19 </html>
```

以上代码对元素的值（value）和索引（index）同时进行判断，并采用了与 6-3.html 相同的数据，运行结果如图 6.4 所示。

图 6.4 $.grep(value,index)函数

< 111 >

6.1.3　数组的转化

很多时候开发者希望某个数组中的元素能够进行统一转化，例如将所有元素都乘 2 等。虽然可以通过 JavaScript 的 for 循环来实现，但 jQuery 提供了使用起来更为便捷的$.map()函数。该函数的语法如下所示：

```
$.map(array, fn)
```

其中 array 为希望转化的数组，fn 为转化函数；数组中的每一项都会执行该函数。该函数同样可以接收两个参数，第一个参数为元素的值，第二个参数为元素的索引（是可选参数）。例如（本书配套资源文件：第 6 章\6-5.html）：

```
1   <!DOCTYPE html>
2   <html>
3   <head>
4     <title>$.map()函数</title>
5   </head>
6   <body>
7     <p></p><p></p><p></p>
8
9     <script src="jquery-3.6.0.min.js"></script>
10    <script>
11      $(function(){
12        let aArr = ["a", "b", "c", "d", "e"];
13        $("p:eq(0)").text(aArr.join());
14
15        aArr = $.map(aArr,function(value,index){
16          //将数组中的元素转化为大写形式并添加序号
17          return (value.toUpperCase() + index);
18        });
19        $("p:eq(1)").text(aArr.join());
20
21        aArr = $.map(aArr,function(value){
22          //对数组元素的值进行“双倍处理”
23          return value + value;
24        });
25        $("p:eq(2)").text(aArr.join());
26      });
27    </script>
28  </body>
29  </html>
```

以上代码首先建立了一个由字母组成的数组，然后利用$.map()函数将其所有元素转化为大写形式并添加序号，再将所有元素“双倍输出”。运行结果如图 6.5 所示。

图6.5　$.map()函数

< 112 >

另外，用$.map()函数转化后的数组的长度并不一定与原数组的相同，例如可以通过设置 null 来删除数组的元素（本书配套资源文件：第 6 章\6-6.html）：

```
1   <!DOCTYPE html>
2   <html>
3   <head>
4     <title>$.map()函数</title>
5   </head>
6   <body>
7     <p></p><p></p>
8
9     <script src="jquery-3.6.0.min.js"></script>
10    <script>
11      $(function(){
12        let aArr = [0, 1, 2, 3, 4];
13        $("p:eq(0)").text("长度: " + aArr.length + "。值: " + aArr.join());
14
15        aArr = $.map(aArr,function(value){
16          //比 1 大的加 1 后返回，否则删除
17          return value>1 ? value+1 : null;
18        });
19        $("p:eq(1)").text("长度: " + aArr.length + "。值: " + aArr.join());
20      });
21    </script>
22  </body>
23  </html>
```

以上代码中$.map()函数会对数组元素的值进行判断，如果大于 1 则加 1 后返回，否则通过设置 null 将其删除，运行结果如图 6.6 所示。

图6.6　转化前后数组长度不相同

除了删除元素以外，用$.map()转化数组时还可以添加数组元素，例如（本书配套资源文件：第 6 章\6-7.html）：

```
1   <!DOCTYPE html>
2   <html>
3   <head>
4     <title>$.map()函数</title>
5   </head>
6   <body>
7     <p></p><p></p>
8
9     <script src="jquery-3.6.0.min.js"></script>
10    <script>
11      $(function(){
12        let aArr1 = ["one", "two", "three", "four five"];
```

< 113 >

```
13      aArr2 = $.map(aArr1,function(value){
14        //将单词拆成一个个的字母
15        return value.split("");
16      });
17      $("p:eq(0)").text("长度: " + aArr1.length+ "。值: " + aArr1.join());
18      $("p:eq(1)").text("长度: " + aArr2.length+ "。值: " + aArr2.join());
19    });
20  </script>
21 </body>
22 </html>
```

以上代码在转化函数中用 split("")方法将元素拆成了一个个的字母，运行结果如图 6.7 所示。

图 6.7　将元素拆成一个个的字母

6.1.4　数组元素的查找

对于字符串，可以通过 indexOf()来查找特定子字符的索引。而对于数组元素，ES6 中添加了类似的方法。在 jQuery 中，使用$.inArray()函数可以很好地实现数组元素的查找，其语法如下所示：

```
$.inArray(value, array)
```

其中 value 为希望查找的对象，而 array 为数组本身。如果找到了则返回第一个匹配元素在数组中的索引，如果没有找到则返回-1。下面的例子会使用 jQuery 实现数组元素的查找，实例文件请参考本书配套的资源文件：第 6 章\6-8.html。

```
1  <!DOCTYPE html>
2  <html>
3  <head>
4   <title>$.inArray()函数</title>
5  </head>
6  <body>
7   <p></p><p></p>
8
9   <script src="jquery-3.6.0.min.js"></script>
10  <script>
11    $(function(){
12      let aArr = ["one", "two", "three", "four five", "two"];
13      let pos1 = $.inArray("two",aArr);
14      let pos2 = $.inArray("four",aArr);
15      $("p:eq(0)").text("two 的索引: " + pos1);
16      $("p:eq(1)").text("four 的索引: " + pos2);
17    });
18  </script>
19 </body>
```

< 114 >

```
20      </html>
```

以上代码会在数组 aArr 中查找字符串 two 和 four，并会将返回的结果直接输出，如图 6.8 所示。

图 6.8　$.inArray()函数

6.2　获取外部代码

案例讲解

　　在某些较大的工程中，开发者往往会将各种代码分别放在不同的 JS 文件中。有的时候开发者会希望根据用户的操作来加载和运行不同的代码。而如果使用 JavaScript 的 document.write()则没有办法执行<script>标记。jQuery 提供了$.getScript()函数来实现外部代码的加载，其语法如下所示：

```
$.getScript(url, [callback])
```

其中 url 为外部资源的地址，可以是相对地址，也可以是绝对地址。callback 为外部代码加载成功后运行的回调函数，为可选参数，代码如下，实例文件请参考本书配套的资源文件：第 6 章\6-9.html 和 6-9.js。

```
1    <!DOCTYPE html>
2    <html>
3    <head>
4      <title>$.getScript()函数</title>
5    </head>
6    <body>
7      <input type="button" value="Load Script">
8      <input type="button" value="DoSomething">
9
10   <script src="jquery-3.6.0.min.js"></script>
11   <script>
12     $(function(){
13       $("input:first").click(function(){
14         $.getScript("6-9.js");
15       });
16       $("input:last").click(function(){
17         TestFunc();
18       });
19     });
20   </script>
21   </body>
22   </html>
```

　　其中 6-9.js 的内容如下：

```
1    alert("Loaded!");
```

< 115 >

```
2    function TestFunc(){
3        alert("TestFunc");
4    }
```

此时，直接单击按钮不会出现预期的结果，在开发者工具中可以看到有报错信息，提示不能跨域访问，如图 6.9 所示。

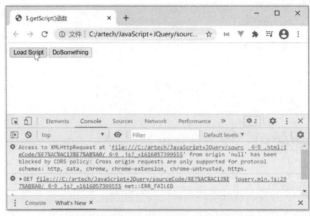

图6.9　报错信息

这是浏览器的安全策略导致的，我们可以用 Windows 自带的 IIS 来访问，单击第一个按钮时加载并执行外部 JS 文件，单击第二个按钮时执行的是外部文件中的一个函数。其运行结果如图 6.10 所示。

图6.10　$.getScript()函数

6.3 $.data()方法

案例讲解

$.data()用于在指定的元素中存取键值对的数据，并返回设置的值。现在通过一个实例来介绍$.data()的用法。代码如下，在<div>元素中先存储数据、再获取数据，实例文件请参考本书配套的资源文件：第 6 章\6-10.html。

```
1    <body>
2    <div> 存储的值为 <span></span> 和 <span></span> </div>
3    <script src="jQuery-3.6.0.min.js"></script>
4    <script>
5      $(function () {
6        let div = $("div")[0];
7        $.data(div, "test", {
8          first: 16,
```

< 116 >

```
9          last: "pizza!"
10       });
11       $("span:first").text($.data(div, "test").first);
12       $("span:last").text($.data(div, "test").last);
13     })
14   </script>
15 </body>
```

$.data()的用法是$.data(元素,键,值)。以上代码会先将 16 和 pizza! 放入一个对象中作为值，将 test 作为键，它们都被存储在<div>元素中，然后会获取到两个值并分别显示在两个<span>标签中，效果如图 6.11 所示。

图6.11　在<div>元素中先存储数据再获取数据

此外，该方法在处理元素的状态时非常有用，例如模拟一扇门的开关状态，代码如下，实例文件请参考本书配套的资源文件：第 6 章\6-11.html。

```
1  <body>
2    <div style="cursor: pointer;">click me</div>
3    <script src="jquery-3.6.0.min.js"></script>
4    <script>
5      $(function () {
6        const $div = $("div");
7        //单击切换状态
8        $div.click(function() {
9          let state = $div.data('state');
10         if(state === 'on') {
11           $div.data('state', 'off');
12           $div.text('门关了☹');
13         } else {
14           $div.data('state', 'on');
15           $div.text('门开了☺');
16         }
17       })
18     })
19   </script>
20 </body>
```

这个例子设置了两种状态：开和关。这里使用了 data()方法的另一种用法，即直接作用被选中的元素。先获取门的状态，然后根据状态来做出改变。此时页面效果如图 6.12 所示。

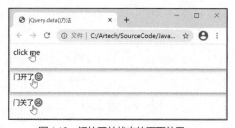

图6.12　门的开关状态的页面效果

< 117 >

6.4 $.extend()方法

案例讲解

$.extend()用于将一个或多个对象的内容合并到目标对象中，其语法如下：

```
$.extend(target, object1 [, objectN])
```

该方法有多个参数，第一个参数是目标对象，第二个参数以及之后的参数是待合并的对象，至少需要一个待合并的对象，该方法会返回合并后的对象，例如（本书配套资源文件：第 6 章\6-12.html）：

```
1   <script>
2     let object1 = {
3       apple: 0,
4       banana: {weight: 52, price: 100},
5       cherry: 97
6     };
7     let object2 = {
8       banana: {price: 200},
9       durian: 100
10    };
11
12    /* 将object2 合并到 object1 中 */
13    let result = $.extend(object1, object2);
14
15    console.log(JSON.stringify(object1));
16    console.log(JSON.stringify(object2));
17    console.log(JSON.stringify(result));
18    console.log(object1 === result);
19  </script>
```

控制台的输出如下所示：

```
1   {"apple":0,"banana":{"price":200},"cherry":97,"durian":100}
2   {"banana":{"price":200},"durian":100}
3   {"apple":0,"banana":{"price":200},"cherry":97,"durian":100}
4   true
```

从输出结果可以看出，object1 对象中具有了 object2 对象中的属性，object2 对象并没有变化。合并时，如果 object2 对象中的属性在 object1 中没有，则直接在其中添加该属性，例如 durian 属性；否则用新的值覆盖旧的值，例如 banana 属性，它本身是一个对象，合并后只剩下 price，原来的 weight 没有了。

✎ 说明

　　JSON.stringify()是 JavaScript 内置的方法，它能将一个对象的属性序列化成一个 JSON 格式的字符串。

在这个例子中如果希望不改变 object1 对象，则可以用如下的方式将 object1 和 object 2 合并到一个新的对象中。

```
let newObj = $.extend({}, object1, object2);
```

在属性被覆盖的时候，我们可能会希望保留原来的所有属性，即依旧保留着 banana.weight。对于这种情况，$.extend()也支持，此时可以使用如下的方式：

```
$.extend(true, target, object1 [, objectN])
```

< 118 >

这时第一个参数是 true，它表示"深复制"，即第一个对象的属性本身是对象或者数组时，其会继续向下比对，无属性则添加，有属性则覆盖。这种比对是递归的。例如将 6-13.html 做如下修改，实例文件请参考本书配套的资源文件：第 6 章\6-13.html。

```
1   <script>
2     let object1 = {
3       apple: 0,
4       banana: {weight: 52, price: 100},
5       cherry: 97
6     };
7     let object2 = {
8       banana: {price: 200},
9       durian: 100
10    };
11
12    /* 将object2 合并到 object1 中 */
13    let result = $.extend(true, object1, object2);
14
15    console.log(JSON.stringify(object1));
16    console.log(JSON.stringify(object2));
17  </script>
```

控制台的输出如下所示：

```
1   {"apple":0,"banana":{"weight":52,"price":200},"cherry":97,"durian":100}
2   {"banana":{"price":200},"durian":100}
```

可以看到，合并后的 object1 对象仍然包含 banana.weight。

6.5　类型判断

案例讲解

JavaScript 中一共有 7 种数据类型，分别为字符串、布尔值、对象、数字、null、undefined、symbol。其中对象类型属于复合类型，包括函数、日期、正则表达式等多个分类。这些细化的类型通过原生 JavaScript 提供的 typeof 进行数据类型判断的时候，会出现很多问题。下面进行简单演示，实例文件请参考本书配套的资源文件：第 6 章\6-14.html。

```
1   console.log(typeof null)
2   console.log(typeof new Date)
3   console.log(typeof new Object)
4   console.log(typeof new RegExp)
```

运行以上代码，可以看出利用 typeof 并不能进行数据类型的区分，控制台的输出如下：

```
1   object
2   object
3   object
4   object
```

为了解决这个问题，jQuery 提供了一个通用办法，即使用$.type()工具方法，将 6-14.html 改成使用$.type()工具方法，代码如下，实例文件请参考本书配套的资源文件：第 6 章\6-15.html。

```
1   console.log($.type(null))
```

< 119 >

```
2    console.log($.type(new Date))
3    console.log($.type(new Object))
4    console.log($.type(new RegExp))
```

运行以上代码，可以看出$.type()解决了之前不能进行数据类型区分的问题，控制台的输出如下：

```
1    null
2    date
3    object
4    regexp
```

$.type()工具方法功能很强大，可以用于区分各种数据类型。jQuery 还提供了一些用于单独判断具体数据类型的工具方法，如表 6.1 所示。

表 6.1　单独判断具体数据类型的工具方法

工具方法	说明
$.isFunction()	判断是否是函数类型
$.isNumeric()	判断是否是数字类型
$.isArray()	判断是否是数组类型
$.isWindow()	判断是否是 window 类型
$.isEmptyObject()	判断是否是空对象类型
$.isPlainObject()	判断是否是对象自变量类型（通过{}或者 new Object()方式创建出来的对象的类型）
$.isXMLDoc()	判断是否位于 XML 文档中

下面对表 6.1 中的方法进行简单演示，实例文件请参考本书配套的资源文件：第 6 章\6-16.html。

```
1    console.log($.isFunction(function(){}));
2    console.log($.isNumeric(123));
3    console.log($.isArray(['a', 'b', 'c']));
4    console.log($.isWindow(window));
5    console.log($.isEmptyObject({}));
6    console.log($.isPlainObject({"name": 'xiaoming'}));
7    console.log($.isXMLDoc(document));
```

运行以上代码，控制台的输出如下：

```
1    true
2    true
3    true
4    true
5    true
6    true
7    false
```

需要注意的是，在 HTML 文档中，利用$.isXMLDoc()判断 document 会返回 false。

本章小结

本章重点对 jQuery 处理数组和对象的功能函数进行了介绍，这些函数在开发中会被频繁使用。虽然原生的 JavaScript 数组自带一些方法，但这些功能函数使用起来更加具有 jQuery 自己的风格，也更易用。

< 120 >

习题6

一、关键词解释

$.each()　　$.data()　　$.extend()　　遍历　　类型判断

二、描述题

1. 请简单描述一下本章中介绍的处理 JavaScript 对象的方法有哪些，它们的作用分别是什么。
2. 请简单描述一下通过 jQuery 的什么方法可以实现外部代码的加载。
3. 请简单描述一下一共有几种数据类型，它们分别是什么。
4. 请简单描述一下判断数据类型的方法有哪些。

三、实操题

使用本章讲解的$.each()方法，实现题图 6.1 所示的页面效果。需要说明的是，当鼠标指针移入菜单后，被选中的菜单项的样式效果会改变。

题图6.1　页面效果

< 121 >

jQuery 与 AJAX

随着网络技术的不断发展，Web 技术日新月异。人们迫切地希望浏览网页能够像使用自己计算机上的桌面应用程序一样方便、迅速地进行每一项操作。而 AJAX 就是这样一种技术，它使得"浏览器与桌面应用程序之间的距离"越来越小。

本章介绍 AJAX 的基本概念，主要围绕 jQuery 中 AJAX 的相关技术进行讲解，重点分析 jQuery 对 AJAX 获取异步数据的步骤的简化。本章思维导图如下。

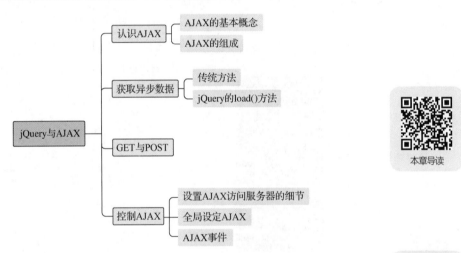

本章导读

7.1 认识 AJAX

知识点讲解

AJAX（asynchronous JavaScript and XML，异步 JavaScript 和 XML）是一个相对较新的内容，它是由咨询顾问杰西·詹姆斯·加勒特（Jesse James Garrett）首先提出的。近些年谷歌等公司对 AJAX 技术的成功运用，使得 Web 浏览器的潜力被挖掘了出来，从而使得 AJAX 越来越受到大家的关注。本节主要介绍 AJAX 的基本概念，为读者学习后面的内容打下基础。

7.1.1 AJAX 的基本概念

用户在浏览网页时，无论是打开一段新的评论，还是填写一张调查问卷，都需要反复与服务器进行交互。而传统的 Web 应用程序采用同步交互的形式，即用户向服务器发送一个请求，然后服务器根据用户的请求执行相应的任务并返回结果，如图 7.1 所示。这是一种十分不连贯的运行模式，常常伴随长时间的等待以及整个页面的刷新，即通常所说的"白屏"现象。

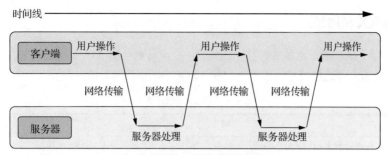

图7.1 传统的 Web 应用程序模式

如图 7.1 所示，当客户端将请求传给服务器后，往往需要长时间地等待服务器返回处理好的数据，但通常用户仅需要更新页面中的一小部分数据，而不是进行整个页面的刷新，这就进一步增加了用户等待的时间。数据的重复传递会浪费大量的资源和网络带宽。

AJAX 与传统的 Web 应用程序不同，它采用的是异步交互的方式，它在客户端与服务器之间引入了一个中间媒介，从而改变了同步交互过程中"处理—等待—处理—等待"的模式。用户的浏览器在执行任务时即装载了 AJAX 引擎。该引擎是用 JavaScript 编写的，通常位于页面的框架中，负责转发客户端和服务器之间的交互。另外，通过 JavaScript 调用 AJAX 引擎，可以使页面不再进行整体刷新，而仅是更新用户需要的部分，这样不但避免了"白屏"现象的出现，还大大节省了带宽，加快了用户浏览 Web 的速度。基于 AJAX 的 Web 应用程序模型如图 7.2 所示。

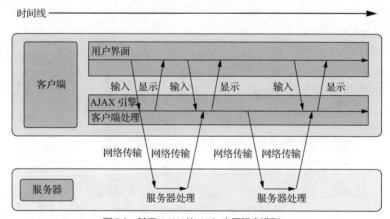

图7.2 基于 AJAX 的 Web 应用程序模型

在网页中合理使用 AJAX 可以使如今纷繁的 Web 应用程序焕然一新，它带来的好处可以归纳为如下几点。

- 减轻服务器的负担，加快浏览速度。AJAX 在运行时仅按照用户的需求从服务器上获取数据，而不是每次都获取整个页面的数据，这样可以最大限度地减少冗余请求、减轻服务器的负担，从而人人加快浏览速度。
- 带来更好的用户体验。在传统的 Web 应用程序模式下"白屏"现象十分不友好，而 AJAX 局部刷新的技术使得用户在浏览页面时就像使用自己计算机上的桌面应用程序一样方便。
- 基于标准化并被广泛支持的技术，不需要下载插件或小程序。目前主流的各种浏览器都支持 AJAX 技术，这使得它的推广十分顺畅。
- 进一步促进页面呈现与数据分离。AJAX 完全可以利用单独的模块来获取服务器数据并进行操作，从而使技术人员和美工人员能够更好地分工与配合。

< 123 >

7.1.2 AJAX 的组成

AJAX 不是单一的技术，而是 4 种技术的集合。要灵活地运用 AJAX 就必须深入了解这些不同的技术。表 7.1 简要介绍了这些技术，以及它们在 AJAX 中所扮演的角色。

表 7.1　AJAX 的组成

技术	角色
JavaScript	JavaScript 是通用的脚本语言，可嵌入某种应用。AJAX 应用是用 JavaScript 编写的
CSS	CSS 为 Web 页面元素提供了可视化样式的定义方法。在 AJAX 应用中，用户界面的样式可以通过 CSS 独立修改
DOM	通过 JavaScript 修改 DOM，AJAX 应用可以在运行时改变用户界面，或者局部更新页面中的某个节点
XMLHttpRequest 对象	XMLHttpRequest 对象允许 Web 程序员从 Web 服务器中以后台的方式获取数据。数据的格式通常是 JSON、XML 或者文本

JavaScript 就像胶水一样会将 AJAX 的各个部分黏合在一起。例如通过 JavaScript 操作 DOM 来改变和刷新用户界面，通过修改 className 来改变 CSS 样式等。前面已经对 JavaScript、CSS、DOM 这 3 种技术进行了详细的介绍。

XMLHttpRequest 对象则用来与服务器进行异步通信，在用户工作时提交用户的请求并获取最新的数据。图 7.3 显示了 AJAX 中的 4 种技术的配合。

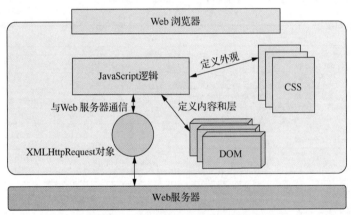

图 7.3　AJAX 中的 4 种技术的配合

AJAX 通过发送异步请求，即可与服务器进行异步通信，而不需要打断用户的操作，这是 Web 技术的一次飞跃。目前主流的浏览器都支持 AJAX。

7.2 获取异步数据

AJAX 中极重要的功能莫过于获取异步数据，它是连接用户操作与后台服务器的关键。本节主要介绍 jQuery 中 AJAX 获取异步数据的方法，并通过具体实例分析 load()函数的强大功能与应用细节。

7.2.1 传统方法

在 AJAX 中获取异步数据是有固定步骤的，例如希望将数据放入指定的<div>块，可以用如下的方

< 124 >

法，实例文件请参考本书配套的资源文件：第 7 章\7-1.html 和 7-1.aspx。

```html
1   <!DOCTYPE html>
2   <html>
3   <head>
4     <title>AJAX 获取数据过程</title>
5   </head>
6   <body>
7     <input type="button" value="测试异步通信" onClick="startRequest()">
8     <br><br>
9     <div id="target"></div>
10
11    <script>
12      let xmlHttp;
13      function createXMLHttpRequest(){
14        if(window.ActiveXObject)
15          xmlHttp = new ActiveXObject("Microsoft.XMLHTTP");
16        else if(window.XMLHttpRequest)
17          xmlHttp = new XMLHttpRequest();
18      }
19      function startRequest(){
20        createXMLHttpRequest();
21        xmlHttp.open(
22          "GET",
23          "http://demo-api.geekfun.website/jquery/7-1.aspx",
24          true
25        );
26        xmlHttp.onreadystatechange = function(res){
27          if(xmlHttp.readyState == 4 && xmlHttp.status == 200)
28            document.getElementById("target").innerHTML = xmlHttp.responseText;
29        }
30        xmlHttp.send(null);
31      }
32    </script>
33  </body>
34  </html>
```

此时服务器端的代码会返回数据，代码如下：

```
1   <%@ Page Language="C#" ContentType="text/html" ResponseEncoding="gb2312" %>
2   <%@ Import Namespace="System.Data" %>
3   <%
4     Response.Write("异步测试成功，很高兴");
5   %>
```

运行结果如图 7.4 所示，单击按钮即可获取异步数据。

图 7.4 AJAX 获取数据过程

< 125 >

> **说明**
>
> 　　为了读者测试方便，本书编者已经将本章中需要用的几个服务器端程序部署到了互联网上，读者可以直接调用。
>
> 　　本书编者已经将服务器端的程序放在了本书的配套资源中，如果读者希望自行修改服务器端的程序，则可以下载后使用。
>
> 　　为了使没有丰富后端开发经验的读者可以比较容易地让这几个服务器端的程序运行起来，这里使用了Windows 计算机自带的 IIS Web 服务器。读者可以直接把本书配套资源中的服务器端程序复制到本地计算机上，然后简单配置 IIS 加以运行。由于 Windows 计算机都自带 IIS Web 服务器，不需要下载安装其他的支撑环境，这对于初学者来说是比较方便的。
>
> 　　本章各个案例中的服务器端程序都非常简单。对于具有一定后端开发经验的读者，他们可以使用任何其他后端语言和框架来实现这些案例的后端部分，例如使用 Node.js、Python 或者 Java 等。读者可以自行配置好服务器端的代码，然后在页面中通过 AJAX 方式来调用。
>
> 　　对于完全没有后端开发经验的读者，建议直接使用已经部署好的 API，这是很方便的方法。

7.2.2　jQuery 的 load()方法

　　jQuery 将 AJAX 获取异步数据的步骤进行了总结，综合出了几个实用的方法。例如上面的例子可以直接用 load()方法一步实现，代码如下，实例文件请参考本书配套的资源文件：第 7 章\7-2.html 和 7-1.aspx。

```
1   <!DOCTYPE html>
2   <html>
3   <head>
4     <title>jQuery 简化 AJAX 获取异步数据的步骤</title>
5   </head>
6   <body>
7     <input type="button" value="测试异步通信" onClick="startRequest()">
8     <br><br>
9     <div id="target"></div>
10
11    <script src="jquery-3.6.0.min.js"></script>
12    <script>
13      function startRequest(){
14        $('#target').load("http://demo-api.geekfun.website/jquery/7-1.aspx");
15      }
16    </script>
17  </body>
18  </html>
```

　　其中服务器端的代码仍然采用 7-1.aspx 的，可以看到客户端的代码大大减少，运行结果如图 7.5 所示，该结果与原生 JavaScript 写法所产生的结果完全相同。

图 7.5　jQuery 简化 AJAX 获取异步数据的步骤

< 126 >

load()方法的语法如下所示：

```
load(url, [data], [callback])
```

其中 url 为异步请求的地址，data 用来向服务器传送请求数据，为可选参数。一旦 data 参数被启用，整个请求过程将以 POST 的方式进行，否则默认为 GET 方式。如果希望在 GET 方式下传递数据，则可以在 url 后面采用类似?dataName1=data1&dataName2=data2 的方法。callback 为 AJAX 加载成功后运行的回调函数。GET 与 POST 的区别后面会讲解。

另外，使用 load()方法返回的数据，不论是文本数据还是 XML 数据，jQuery 都会自动进行处理，例如使用 load()获取 XML 数据，代码如下，实例文件请参考本书配套的资源文件：第 7 章\7-3.html 和 7-3.aspx。

```
1   <!DOCTYPE html>
2   <html>
3   <head>
4     <title>使用 load()获取 XML 数据</title>
5   </head>
6   <style type="text/css">
7     p{
8       font-weight:bold;
9     }
10    span{
11      text-decoration:underline;
12    }
13  </style>
14  <body>
15    <input type="button" value="测试异步通信" onClick="startRequest()">
16    <br><br>
17    <div id="target"></div>
18
19    <script src="jquery-3.6.0.min.js"></script>
20    <script>
21      function startRequest(){
22        $("#target").load("http://demo-api.geekfun.website/jquery/7-3.aspx");
23      }
24    </script>
25  </body>
26  </html>
```

以上代码与 7-2.html 的基本相同，不同之处在于上述代码对<p>标记和<span>标记添加了 CSS 样式等，服务器端返回的 XML 数据如下：

```
1   <%@ Page Language="C#" ContentType="text/xml" ResponseEncoding="gb2312" %>
2   <%@ Import Namespace="System.Data" %>
3   <%
4     Response.ContentType = "text/xml";
5     Response.CacheControl = "no-cache";
6     Response.AddHeader("Pragma","no-cache");
7
8     string xml = "<p id='kk'>p 标记<span>内套 span 标记</span></p><span>单独的 span 标记</span>";
9     Response.Write(xml);
10  %>
```

< 127 >

服务器端返回一些 XML 数据，包含<p>标记和<span>标记，运行结果如图 7.6 所示。可以看到返回的代码被应用了相应的 CSS 样式。

图 7.6　使用 load()获取 XML 数据

从这个例子中可以看出，采用 load()方法获取的数据不需要再单独设置 responseText 或 responseXML，非常方便。另外 load()方法还提供了强大的功能，能够直接筛选 XML 数据中的标记，只需要在请求的 url 后面加空格，然后添加上相应的标记即可，直接修改 7-3.html 中的代码，如下所示，实例文件请参考本书配套的资源文件：第 7 章\7-4.html 和 7-3.aspx。

```
1  <script src="jquery-3.6.0.min.js"></script>
2  <script>
3  function startRequest(){
4      //只获取<span>标记
5      $("#target").load("http://demo-api.geekfun.website/jquery/7-3.aspx span");
6  }
7  </script>
```

运行结果如图 7.7 所示，将该结果与 7-3.html 的结果进行对比可以看出，仅仅只有<span>标记被获取，<p>标记被过滤掉了。

图 7.7　使用 load()获取标记

7.3 GET 与 POST

知识点讲解

通常在 HTTP 请求中有 GET 和 POST 两种请求方式，这两种方式都可以作为异步请求发送数据的方式。GET 请求一般用来获取资源，其参数需要放在 URL（uniform resource locator，统一资源定位符）中；而 POST 请求的参数则需要放在 HTTP 消息报文的主体中，它主要用来提交数据，比如提交表单。因为 URL 会被浏览器记住，而且有长度限制，所以发送敏感数据和大量数据时应该使用 POST 方式。

尽管 load()方法可以实现 GET 和 POST 两种方式，但在很多时候开发者还是希望能够指定发送方式，并且处理服务器返回的值。jQuery 提供了$.get()和$.post()两种方法，分别针对 GET 和 POST 这两

< 128 >

种请求方式。它们的语法如下所示：

```
1    $.get(url, [data], [callback])
2    $.post(url, [data], [callback],[type])
```

其中 url 表示请求地址；data 表示请求数据的列表，是可选参数；callback 表示请求成功后的回调函数，该函数接收两个参数，第一个参数为服务器返回的数据，第二个参数为服务器的状态，callback 是可选参数。$.post()中的 type 为请求数据的类型，可以是 HTML、XML、JSON 等类型。

下面利用 jQuery 发送 GET 和 POST 请求，实例文件请参考本书配套的资源文件：第 7 章\7-5.html 和 7-5.aspx。

```
1    <!DOCTYPE html>
2    <html>
3    <head>
4      <title>GET 与 POST</title>
5    </head>
6    <body>
7      <h2>输入姓名和生日</h2>
8      <form>
9        <input type="text" id="firstName" /><br>
10       <input type="text" id="birthday" />
11     </form>
12     <form>
13       <input type="button" value="GET" onclick="doRequestUsingGET();" /><br>
14       <input type="button" value="POST" onclick="doRequestUsingPOST();" />
15     </form>
16     <div id="serverResponse"></div>
17
18     <script src="jquery-3.6.0.min.js"></script>
19     <script>
20       function createQueryString(){
21         let firstName = encodeURI($("#firstName").val());
22         let birthday = encodeURI($("#birthday").val());
23         //组合成对象的形式
24         let queryString = {firstName:firstName,birthday:birthday};
25         return queryString;
26       }
27       function doRequestUsingGET(){
28         $.get(
29           "http://demo-api.geekfun.website/jquery/7-5.aspx",
30           createQueryString(),
31           //发送 GET 请求
32           function(data){
33             $("#serverResponse").html(decodeURI(data));
34           }
35         );
36       }
37       function doRequestUsingPOST(){
38         $.post(
39           "http://demo-api.geekfun.website/jquery/7-5.aspx",
40           createQueryString(),
41           //发送 POST 请求
42           function(data){
43             $("#serverResponse").html(decodeURI(data));
```

< 129 >

```
44          }
45       );
46     }
47   </script>
48 </body>
49 </html>
```

而服务器端的代码如下所示：

```
1  <%@ Page Language="C#" ContentType="text/html" ResponseEncoding="gb2312" %>
2  <%@ Import Namespace="System.Data" %>
3  <%
4     if(Request.HttpMethod == "POST")
5        Response.Write("POST: " + Request["firstName"] + ", your birthday is " +
        Request["birthday"]);
6     else if(Request.HttpMethod == "GET")
7        Response.Write("GET: " + Request["firstName"] + ", your birthday is " +
        Request["birthday"]);
8  %>
```

其运行结果如图 7.8 所示。

图 7.8　GET 与 POST

7.4　控制 AJAX

案例讲解

尽管$.load()、$.get()和$.post()非常方便、实用，但它们却不能用于控制错误和很多交互的细节，可以说这 3 种方法对 AJAX 的可控性较差。本节主要介绍 jQuery 如何设置访问服务器的各个细节，并简单说明 AJAX 事件。

7.4.1　设置 AJAX 访问服务器的细节

jQuery 提供了一个强大的方法$.ajax(options)来设置 AJAX 访问服务器的各个细节，它的语法十分简单，即设置 AJAX 的各个选项，然后指定相应的值，例如 7-5.html 的 doRequestUsingGET()和 doRequestUsingPOST()函数通过该方法可以分别改写成如下方式，实例文件请参考本书配套的资源文件：第 7 章\7-6.html 和 7-5.aspx。

```
1  function doRequestUsingGET(){
2     $.ajax({
3        type: "GET",
4        url: "http://demo-api.geekfun.website/jquery/7-5.aspx",
5        data: createQueryString(),
```

< 130 >

```
6          success: function(data){
7              $("#serverResponse").html(decodeURI(data));
8          }
9      });
10  }
11  function doRequestUsingPOST(){
12      $.ajax({
13          type: "POST",
14          url: "http://demo-api.geekfun.website/jquery/7-5.aspx",
15          data: createQueryString(),
16          success: function(data){
17              $("#serverResponse").html(decodeURI(data));
18          }
19      });
20  }
```

运行结果如图 7.9 所示，与 7-5.html 的结果完全相同。

图 7.9　$.ajax()方法

$.ajax(options)的参数非常多，涉及 AJAX 的方方面面，常用的如表 7.2 所示。

表 7.2　$.ajax()方法的相关参数

参数	类型	说明
async	布尔值	如果设置为 true 则为异步请求（默认值），如果设置为 false 则为同步请求
beforeSend	函数	发送请求前调用的函数，通常用来修改 XMLHttpRequest，该函数接收一个唯一的参数，即 XMLHttpRequest
cache	布尔值	如果设置为 false，则强制页面不进行缓存
complete	函数	请求完成时的回调函数（如果设置了 success 或者 error，则在它们执行完之后才执行）
contentType	字符串	请求类型，默认为表单的 application/x-www-form-urlencoded
data	对象/字符串	发送给服务器的数据，可以是对象的形式，也可以是 URL 字符串的形式
dataType	字符串	希望服务器返回的数据类型，如果不设置则根据 MIME 类型返回 responseText 或者 responseXML。常用的值有如下几种。 （1）xml：返回 XML 值。 （2）html：返回文本值，可以包含标记。 （3）script：返回 JS 文件。 （4）json：返回 JSON 值。 （5）text：返回纯文本值
error	函数	请求失败时调用的函数，该函数接收 3 个参数，第一个参数为 XMLHttpRequest；第二个参数为相关的错误信息 text；第三个参数为可选参数，表示异常对象
global	布尔值	如果设置为 true，则允许触发全局函数；默认值为 true

< 131 >

续表

参数	类型	说明
ifModified	布尔值	如果设置为 true，则只有当返回结果相对于上次改变时才算成功，默认值为 false
password	字符串	密码
processData	布尔值	如果设置为 false，则将阻止数据被自动转换成 URL 编码；通常在发送 DOM 元素时使用，默认值为 true
success	函数	如果请求成功则调用该函数，该函数接收两个参数，第一个参数为服务器返回的数据 data，第二个参数为服务器的状态 status
timeout	数值	设置超时的时间，单位为毫秒（ms）
type	字符串	请求方式，例如 GET、POST 等；如果不设置，则默认为 GET
url	字符串	请求服务器的地址
username	字符串	用户名

表 7.2 中介绍的表示发送给服务器的数据的 data 参数可以是对象的形式，也可以是 URL 字符串的形式。下面是$.ajax(options)方法的典型运用：

```
1  $.ajax({
2    type: "GET",
3    url: "test.js",
4    dataType: "script"
5  });
```

以上代码会用 GET 方式获取一段 JavaScript 代码并执行。

```
1  $.ajax({
2    url: "test.aspx",
3    cache: false,
4    success: function(html){
5      $("#results").append(html);
6    }
7  });
```

以上代码会强制不缓存服务器的返回结果，并将结果追加到#results 元素中。

```
1  let xmlDocument = //创建一个 XML 文档
2  $.ajax({
3    url: "page.php",
4    processData: false,
5    data: xmlDocument,
6    success: handleResponse
7  });
```

以上代码会发送一个 XML 文档，并会阻止数据自动转换成表单的形式。当成功获取数据之后，系统会调用函数 handleResponse。

另外，$.ajax(options)方法有返回值，为异步对象 XMLHttpRequest，而且开发者仍然可以使用与 XMLHttpRequest 相关的属性和方法，例如：

```
1  let html = $.ajax({
2    url: "some.jsp",
3  }).responseText;
```

< 132 >

7.4.2　全局设定 AJAX

当页面中有多个部分都需要利用 AJAX 进行异步通信时，如果都通过$.ajax(options)方法来设定每个细节将十分麻烦。jQuery 提供了十分人性化的设计，可以直接利用$.ajaxSetup(options)方法来全局设定 AJAX，其中 options 参数与$.ajax(options)中的完全相同。例如可以将 7-6.html 中的两个$.ajax()的相同部分进行统一设定，代码如下，实例文件请参考本书配套的资源文件：第 7 章\7-7.html 和 7-5.aspx。

```
1   <script>
2   $.ajaxSetup({
3       //全局设定
4       url: "http://demo-api.geekfun.website/jquery/7-5.aspx",
5       success: function(data){
6           $("#serverResponse").html(decodeURI(data));
7       }
8   });
9   function doRequestUsingGET(){
10      $.ajax({
11          data: createQueryString(),
12          type: "GET"
13      });
14  }
15  function doRequestUsingPOST(){
16      $.ajax({
17          data: createQueryString(),
18          type: "POST"
19      });
20  }
21  </script>
```

运行结果与 7-6.html 的基本相同，如图 7.10 所示。

图 7.10　$.ajaxSetup()方法

> ⚠️ 注意
>
> 这个例子并没有将 data 数据进行统一设置，这是因为发送给服务器的数据是由函数 createQueryString() 动态获得的，而 data 的类型被规定为对象或者字符串，而非函数。因此 data 如果用$.ajaxSetup()设置，则只会在初始化时运行一次 createQueryString()，而不会像用 success 设置的函数那样每次都运行。
>
> 另外还需要指出，$.ajaxSetup()不能设置与 load()函数相关的操作；如果设置请求类型 type 为"GET"，则不会改变$.post()采用 POST 方式。

7.4.3　AJAX 事件

对于每个对象的$.ajax()而言，它们都有 beforeSend、success、error、complete 这 4 个事件，类似$.ajaxSetup()

< 133 >

与$.ajax()的关系。jQuery 还提供了 6 个全局事件，分别是 ajaxStart、ajaxSend、ajaxSuccess、ajaxError、ajaxComplete、ajaxStop。默认情况下，AJAX 的 global 参数的值为 true，即任何 AJAX 事件都会触发全局事件。这些全局事件必须绑定在 document 元素上，例如：

```
1  $("document").ajaxSuccess(function(evt, request, settings){
2      $(this).append("");
3  });
```

以上代码将全局 ajaxSuccess 事件绑定在元素 document 上，任何 AJAX 请求成功时都会触发它，除非该请求在自己的$.ajax()中设定了 success 事件。

对于这 6 个 AJAX 全局事件，从名称上都能知道它们触发的条件，其中 ajaxSend、ajaxSuccess、ajaxComplete 这 3 个事件的 function 函数都接收 3 个参数，第一个参数为该函数本身的属性，第二个参数为 XMLHttpRequest，第三个参数为$.ajax()可以设置的属性对象。可以通过$.each()方法对第一个和第三个参数进行遍历，从而获取它们的属性细节，例如在 7-7.html 的基础上加入 ajaxComplete 事件，代码如下，实例文件请参考本书配套的资源文件：第 7 章\7-8.html 和 7-5.aspx。

```
1   <body>
2   <h2>输入姓名和生日</h2>
3   <form>
4     <input type="text" id="firstName" /><br>
5     <input type="text" id="birthday" />
6   </form>
7   <form>
8     <input type="button" value="GET" onclick="doRequestUsingGET();" /><br>
9     <input type="button" value="POST" onclick="doRequestUsingPOST();" />
10  </form>
11  <div id="serverResponse"></div><div id="global"></div>
12
13  <script src="jquery-3.6.0.min.js"></script>
14  <script>
15    $.ajaxSetup({
16      //全局设定
17      url: "http://demo-api.geekfun.website/jquery/7-5.aspx",
18      success: function(data){
19        $("#serverResponse").html(decodeURI(data));
20      }
21    });
22    $(function(){
23      $(document).ajaxComplete(function(evt, request, settings){
24        $.each(evt,function(property,value){
25          $("#global").append("<p>evt: "+property+":"+value+"</p>");
26        });
27        $("#global").append("<p>request: "+ typeof request +"</p>");
28        $.each(settings,function(property,value){
29          $("#global").append("<p>settings: "+property+":"+value+"</p>");
30        });
31      });
32    });
33  </script>
34  </body>
```

任何一个 AJAX 请求完成后都会运行这个全局函数 ajaxComplete()，其结果如图 7.11 所示，可以看到该函数的两个参数都包含非常多的信息。

< 134 >

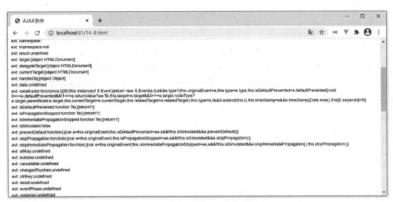

图 7.11 AJAX 事件函数的参数

对于 ajaxError 事件，其 function 函数接收 4 个参数，前 3 个参数与 ajaxSend、ajaxSuccess、ajaxComplete 事件的完全相同，最后一个参数为 XMLHttpRequest 对象所返回的错误信息。

ajaxStart 和 ajaxStop 两个事件比较特殊，它们在 AJAX 事件的$.ajax()中没有对应的事件（个体的 beforeSend 对应全局的 ajaxSend 事件，success 对应 ajaxSuccess，error 对应 ajaxError，complete 对应 ajaxComplete），因此一旦设定了它们并且 AJAX 的 global 参数的值为 true，就一定会在 AJAX 事件开始前和结束后分别触发这两个事件。它们都只接收一个参数，且与另外 4 个全局事件的第一个参数相同，即函数本身的属性。

7.4.4 实例：模拟百度的数据加载

实际的网络运用通常会有延时，但让用户对着"白屏"等待往往是不明智的。通常的做法是显示一个类似于"数据加载中"的提示，让用户感觉数据正在被后台获取。百度的数据加载就是一种典型的例子，如图 7.12 所示。

图 7.12 百度的数据加载

对于大型的网站，这样的运用有很多。使用 jQuery 的 AJAX 全局事件，可以使每个 AJAX 请求都统一执行相关的操作。在传统的网页中，表单的校验通常是用户填写完整张表单后统一进行的。对于某些需要查看数据库的校验，例如对于注册时用户名是否被占用，使用传统的校验显然缓慢而"笨拙"。当 AJAX 出现之后，这种校验有了很大的改变，因为用户在填写一些表单项的时候，前面的表单项已经被不知不觉地发送给了服务器。实际上在网页中检查用户名是否被占用的速度不需要太快，可以利用 ajaxSend()方法创建全局 AJAX 发送事件，并在获取数据的过程中显示"loading..."。下面介绍制作一个自动校验的表单并显示 loading 效果，实例文件请参考本书配套的资源文件：第 7 章\7-9.html 和 7-9.aspx。

< 135 >

```
1   <body>
2     <form name="register">
3       <table cellpadding="5" cellspacing="0" border="0">
4         <tr><td>用户名:</td><td><input type="text" onblur="startCheck(this)"
          name="User"></td> <td><span id="UserResult"></span></td> </tr>
5         <tr><td>输入密码:</td><td><input type="password" name="passwd1"></td>
          <td></td> </tr>
6           <tr><td>确认密码:</td><td><input type="password" name="passwd2"></td>
            <td></td> </tr>
7         <tr>
8           <td colspan="2" align="center">
9           <input type="submit" value="注册">
10            <input type="reset" value="重置">
11          </td> <td></td>
12        </tr>
13      </table>
14    </form>
15
16    <script src="jquery-3.6.0.min.js"></script>
17    <script>
18      $(function(){
19        $("#UserResult").ajaxSend(function(){
20          //定义全局函数
21          $(this).html("<font style='background:#990000; color:#FFFFFF;'>loading...
            </font>");
22        });
23      });
24      function showResult(sText){
25        let oSpan = document.getElementById("UserResult");
26        oSpan.innerHTML = sText;
27        if(sText.indexOf("already exists") >= 0)
28          //如果用户名已被占用
29          oSpan.style.color = "red";
30        else
31          oSpan.style.color = "black";
32      }
33      function startCheck(oInput){
34        //首先判断是否有输入，没有输入则直接返回结果，并进行提示
35        if(!oInput.value){
36          oInput.focus();    //聚焦用户名的输入框
37          $("#UserResult").html("User cannot be empty.");
38          return;
39        }
40
41        $.get(
42          "http://demo-api.geekfun.website/jquery/7-9.aspx",
43          {user:oInput.value.toLowerCase()},
44          //用 jQuery 来获取异步数据
45          function(data){
46            showResult(decodeURI(data));
47          }
48        );
49      }
```

< 136 >

```
50      </script>
51  </body>
```

在服务器端为了模拟缓慢的查询并发送结果，会加入一个"大循环"，如下所示：

```
1   <%@ Page Language="C#" ContentType="text/html" ResponseEncoding="gb2312" %>
2   <%@ Import Namespace="System.Data" %>
3   <%
4       Response.CacheControl = "no-cache";
5       Response.AddHeader("Pragma","no-cache");
6
7       for(int i=0;i<100000000;i++);     //为了模拟缓慢的查询
8       if(Request["user"]=="tom")
9           Response.Write("Sorry, " + Request["user"] + " already exists.");
10      else
11          Response.Write(Request["user"]+" is ok.");
12  %>
```

运行结果如图 7.13 所示，可以看到输入用户名并移开鼠标指针后，会显示"loading..."，此时页面显得更加友好。

图 7.13 模拟百度的数据加载

7.5 实例：利用 jQuery 制作自动提示的文本框

案例讲解

在实际的网页运用中，类似 load…的提示都是通过服务器异步交互来实现的，例如搜索引擎的推荐提示。图 7.14 所示为微软必应（Microsoft Bing）的首页，从中可以看出它根据用户的输入给出了各种提示，而这些提示内容都是通过异步交互实现的。

图 7.14 微软必应的自动提示

< 137 >

7.5.1　框架结构

用于进行自动提示的文本框离不开文本框<input type="text">本身，而提示框则采用<div>块内嵌项目列表<ul>来实现。用户在文本框中每输入一个字符（onkeyup 事件），就会在预定的"颜色名称集"中查找，找到匹配的项后就会将其动态加载到<ul>中，并显示给用户进行选择。HTML 框架如下所示：

```
1   <body>
2     <form method="post" name="myForm1">
3   Color: <input type="text" name="colors" id="colors"/>
4     </form>
5     <div id="popup">
6       <ul id="colors_ul"></ul>
7     </div>
8   </body>
```

考虑到<div>块的位置必须出现在文本框的下面，因此采用 CSS 的绝对定位，并设置两个边框的属性，一个用于有匹配结果时显示提示框<div>，另一个用于未找到匹配项时隐藏提示框。相应的页面设置和表单的 CSS 样式设置对应的代码如下所示：

```
1   <style>
2     body{
3       font-family:Arial, Helvetica, sans-serif;
4       font-size:12px; padding:0px; margin:5px;
5     }
6     form{padding:0px; margin:0px;}
7     input{
8       /* 用于输入文本框的样式 */
9       font-family:Arial, Helvetica, sans-serif;
10      font-size:12px; border:1px solid #000000;
11      width:200px; padding:1px; margin:0px;
12    }
13    #popup{
14      /* 提示框<div>块的样式 */
15      position:absolute; width:202px;
16      color:#004a7e; font-size:12px;
17      font-family:Arial, Helvetica, sans-serif;
18      left:41px; top:25px;
19    }
20    #popup.show{
21      /* 显示提示框的边框 */
22      border:1px solid #004a7e;
23    }
24  </style>
```

此时运行结果如图 7.15 所示。

图 7.15　页面框架

< 138 >

7.5.2　匹配用户输入

当用户在文本框中输入任意一个字符后，即在预定的"颜色名称集"中进行查找，如果找到匹配的项则将其存在数组中，并传递给显示提示框的函数 setColors()，否则利用函数 clearColors()清除提示框。

首先在<input>中绑定 keyup 事件并注册，代码如下所示：

```
1   <form method="post" name="myForm1">
2   Color: <input type="text" name="colors" id="colors" onkeyup="findColors();"/>
3   </form>
4
5   <script src="jquery-3.6.0.min.js"></script>
6   <script>
7     let oInputField;              //考虑到很多函数中都要使用该变量
8     let oPopDiv;                  //因此采用全局变量的形式
9     let oColorsUl;
10    function initLets(){
11      //初始化变量
12      oInputField = $("#colors");
13      oPopDiv = $("#popup");
14      oColorsUl = $("#colors_ul");
15    }
16    function findColors(){
17      initLets();                 //初始化变量
18      if(oInputField.val().length > 0){
19      //获取异步数据
20      $.get(
21        "http://demo-api.geekfun.website/jquery/7-10.aspx",
22        {sColor:oInputField.val()},
23        function(data){
24          let aResult = new Array();
25         if(data.length > 0){
26           aResult = data.split(",");
27           setColors(aResult);    //显示服务器结果
28          }
29         else
30           clearColors();
31      });
32      }
33      else
34     clearColors();               //无输入时清除提示框
35  }
36  </script>
```

setColors()和 clearColors()分别用于显示和清除提示框。用户每输入一个字符就调用一次 findColors()函数，找到匹配项时则调用 setColors()，否则调用 clearColors()。

7.5.3　显示/清除提示框

传递给 setColors()的参数是数组，里面存放着所有匹配用户输入的数据，因此 setColors()的职责就是将这些匹配项一个个地放入<li>，并添加到<ul>中。而 clearColors()则用于直接清除整个提示框。这两个函数的代码如下所示：

< 139 >

```
1    function clearColors(){
2      //清除提示框
3      oColorsUl.empty();
4      oPopDiv.removeClass("show");
5    }
6    function setColors(the_colors){
7    //显示提示框，传入的参数即由匹配出来的结果所组成的数组
8    clearColors();   //每输入一个字符就先清除原先的提示，再继续操作
9      oPopDiv.addClass("show");
10     for(let i=0;i<the_colors.length;i++)
11       //将匹配的提示结果逐一显示给用户
12       oColorsUl.append($("<li>"+the_colors[i]+"</li>"));
13       oColorsUl.find("li").click(function(){
14       oInputField.val($(this).text());
15       clearColors();
16     }).hover(
17       function(){$(this).addClass("mouseOver");},
18       function(){$(this).removeClass("mouseOver");}
19     );
20   }
```

此时运行结果如图 7.16 所示：

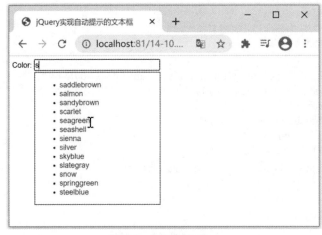

图 7.16　自动提示效果

如图 7.16 所示，输入 s 之后，提示框自动提示了以 s 开头的内容。从以上代码中还可以看到，考虑到用户使用的友好性，提示框中的每一项<li>中还添加了鼠标事件，鼠标指针经过时对应的内容将高亮显示，单击鼠标后则会自动将选项赋给文本框并清除提示框。须添加<ul>的 CSS 样式，代码如下：

```
1    /* 提示框的样式 */
2    ul{
3      list-style:none;
4      margin:0px; padding:0px;
5    }
6    li.mouseOver{
7      background-color:#004a7e;
8      color:#FFFFFF;
9    }
```

< 140 >

最终运行结果如图 7.17 所示，完整代码如下，实例文件请参考本书配套的资源文件：第 7 章\7-10.html 和 7-10.aspx。

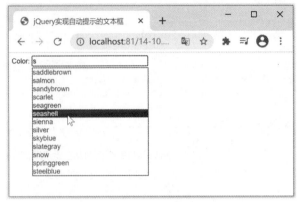

图 7.17　jQuery 实现自动提示的文本框

```
1    <!DOCTYPE html>
2    <html>
3    <head>
4     <title>jQuery 实现自动提示的文本框</title>
5    </head>
6    <style>
7     body{
8       font-family:Arial, Helvetica, sans-serif;
9       font-size:12px; padding:0px; margin:5px;
10     }
11     form{padding:0px; margin:0px;}
12     input{
13       /* 用于输入文本框的样式 */
14       font-family:Arial, Helvetica, sans-serif;
15       font-size:12px; border:1px solid #000000;
16       width:200px; padding:1px; margin:0px;
17     }
18     #popup{
19       /* 提示框<div>块的样式 */
20       position:absolute; width:202px;
21       color:#004a7e; font-size:12px;
22       font-family:Arial, Helvetica, sans-serif;
23       left:41px; top:25px;
24     }
25     #popup.show{
26       /* 显示提示框的边框 */
27       border:1px solid #004a7e;
28     }
29     /* 提示框的样式 */
30     ul{
31       list-style:none;
32       margin:0px; padding:0px;
33     }
34     li.mouseOver{
35       background-color:#004a7e;
```

< 141 >

```
36        color:#FFFFFF;
37      }
38    </style>
39    <body>
40      <form method="post" name="myForm1">
41        Color: <input type="text" name="colors" id="colors" onkeyup="findColors();" />
42      </form>
43      <div id="popup">
44        <ul id="colors_ul"></ul>
45      </div>
46
47      <script src="jquery-3.6.0.min.js"></script>
48      <script>
49        let oInputField;              //考虑到很多函数中都要使用该变量
50        let oPopDiv;                  //因此采用全局变量的形式
51        let oColorsUl;
52        function initLets(){
53          //初始化变量
54          oInputField = $("#colors");
55          oPopDiv = $("#popup");
56          oColorsUl = $("#colors_ul");
57        }
58        function findColors(){
59          initLets();                 //初始化变量
60          if(oInputField.val().length > 0){
61          //获取异步数据
62          $.get(
63            "http://demo-api.geekfun.website/jquery/7-10.aspx",
64            {sColor:oInputField.val()},
65            function(data){
66              let aResult = new Array();
67              if(data.length > 0){
68                aResult = data.split(",");
69                setColors(aResult);     //显示服务器结果
70              }
71              else
72                clearColors();
73          });
74        }
75        else
76          clearColors();               //无输入时清除提示框
77        }
78
79        function clearColors(){
80          //清除提示框
81          oColorsUl.empty();
82          oPopDiv.removeClass("show");
83        }
84
85        function setColors(the_colors){
86        //显示提示框，传入的参数即由匹配出来的结果所组成的数组
87        clearColors();   //每输入一个字符就先清除原先的提示，再继续操作
88          oPopDiv.addClass("show");
```

< 142 >

```
89          for(let i=0;i<the_colors.length;i++)
90            //将匹配的提示结果逐一显示给用户
91            oColorsUl.append($("<li>"+the_colors[i]+"</li>"));
92            oColorsUl.find("li").click(function(){
93              oInputField.val($(this).text());
94              clearColors();
95            }).hover(
96              function(){$(this).addClass("mouseOver");},
97              function(){$(this).removeClass("mouseOver");}
98            );
99          }
100     </script>
101   </body>
102   </html>
```

本章小结

本章介绍了与 AJAX 相关的技术，比较了原生 JavaScript 和 jQuery 在使用 AJAX 时的差异；重点介绍了 jQuery 对 AJAX 的封装，它提供了易用的接口，使得能够在执行 AJAX 的不同阶段执行自定义的代码；此外，还介绍了在$.ajax()的基础上衍生出的$.load()、$.get()、$.post()等一系列使用起来更加便捷的方法。简洁易用的接口函数体现在 jQuery 的各个方面，这是 jQuery 成功的原因之一。

习题 7

一、关键词解释

AJAX XMLHttpRequest 对象 HTTP GET 请求 POST 请求 AJAX 事件

二、描述题

1. 请简单描述一下 AJAX 的优点。
2. 请简单描述一下 AJAX 的组成部分以及它们的含义。
3. 请简单描述一下 AJAX 传统方式是如何获取异步数据的。
4. 请简单描述一下 GET 与 POST 的区别。
5. 请简单列一下$.ajax()方法的参数的配置项，并说明它们分别是什么含义。
6. 请简单描述一下 AJAX 的全局设定的作用是什么，以及如何实现全局设定 AJAX。

三、实操题

在第 5 章习题部分实操题的基础上，修改代码，增加使用 AJAX 向后端请求结果的功能。具体要求如下。

（1）默认页面效果如题图 7.1 所示。

（2）在 AJAX 请求的结果返回之前，"添加"按钮右侧显示"loading..."，页面效果如题图 7.2 所示。

（3）如果添加结果是失败，则显示"error"，文字颜色为红色，并且在目录下方不会添加内容，页面效果如题图 7.3 所示。

（4）如果添加结果是成功，则显示"ok"，文字颜色为黑色，并且在目录下方会添加输入框里输入的内容，然后清空输入框，页面效果如题图 7.4 所示。

（5）后端使用随机数来模拟成功和失败，两者的概率相等，代码如下：

< 143 >

```
1    <%@ Page Language="C#" ContentType="text/html" ResponseEncoding="gb2312" %>
2    <%@ Import Namespace="System.Data" %>
3    <%
4        Response.CacheControl = "no-cache";
5        Response.AddHeader("Pragma","no-cache");
6
7        for(int i=0;i<100000000;i++);
8
9        //模拟成功和失败的概率相等
10       Random rnd = new Random();
11       if(rnd.NextDouble() > 0.5) {
12         Response.Write("ok");
13       } else {
14         Response.Write("error");
15       }
16   %>
```

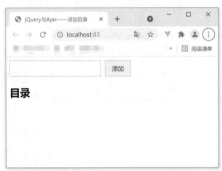

题图 7.1　默认页面效果

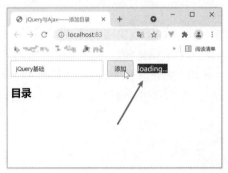

题图 7.2　加载中

图 7.3　添加失败

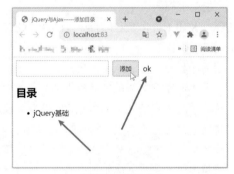

题图 7.4　添加成功

< 144 >

第8章 利用 jQuery 制作动画与特效

jQuery 中的动画与特效的相关方法可以说为其添加了亮丽的一笔。开发者可以通过简单的方法实现很多特效，这在以往都是需要用大量的 JavaScript 代码开发的。本章主要通过实例介绍 jQuery 中的动画与特效的相关知识，包括自动显示和隐藏、淡入淡出、自定义动画等。本章思维导图如下。

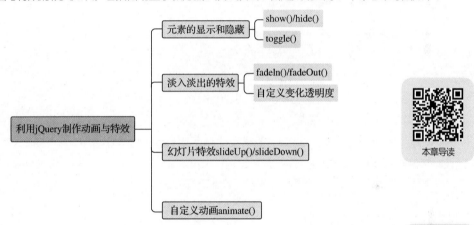

8.1 元素的显示和隐藏

案例讲解

对于动画和特效而言，元素的显示和隐藏可以说是频繁实现的效果。本节主要通过实例介绍 jQuery 中如何实现元素的显示和隐藏。

8.1.1 show()和 hide()

在普通的 JavaScript 编程中，实现元素的显示或隐藏通常是利用对应 CSS 代码中的 display 属性或 visibility 属性。在 jQuery 中提供了 show()和 hide()两个方法，用于直接实现元素的显示和隐藏，例如（本书配套资源文件：第 8 章\8-1.html）：

```
1    <!DOCTYPE html>
2    <html>
3    <head>
4    <title>show()、hide()方法</title>
5    <style type="text/css">
```

```
6    p{
7        border:1px solid #003863;
8        font-size:13px;
9        padding:4px;
10       background:#FFFF00;
11   }
12   input{
13       border:1px solid #003863;
14       font-size:14px;
15       font-family:Arial, Helvetica, sans-serif;
16       padding:3px;
17   }
18   </style>
19   <script src="jquery.min.js"></script>
20   <script>
21   $(function(){
22       $("input:first").click(function(){
23           $("p").hide();      //隐藏
24       });
25       $("input:last").click(function(){
26           $("p").show();      //显示
27       });
28   });
29   </script>
30   </head>
31   <body>
32       <input type="button" value="隐藏"> <input type="button" value="显示">
33       <p>单击按钮，看看效果</p>
34       <span>一段其他的文字</span>
35   </body>
36   </html>
```

以上例子中涉及两个按钮，一个可调用 hide()方法让<p>标记隐藏，另一个可调用 show()方法让<p>标记显示，运行结果如图 8.1 所示。

图 8.1   show()、hide()方法

为了对比，上述例子中还加入了一个<span>标记，从运行结果可以看出 hide()和 show()方法所实现效果的不同。

8.1.2   实例：多级菜单

多级菜单是一种非常实用的导航结构，这里用 hide()和 show()方法编写一个通用的示例。多级菜单通常由多个<ul>、<li>相互嵌套而成，如果某个菜单项下面还有一级，明显的特点就是<li>中还包含<ul>，例如下面的 HTML 框架：

< 146 >

```
1    <ul>
2        <li>第 1 章 JavaScript 简介</li>
3        <li>第 2 章 JavaScript 基础</li>
4        <li>第 3 章 CSS 基础
5            <ul>
6                <li>第 3.1 节 CSS 的概念</li>
7                <li>第 3.2 节 使用 CSS 控制页面
8                    <ul>
9                        <li>3.2.1 行内样式</li>
10                       <li>3.2.2 内嵌式</li>
11                   </ul>
12               </li>
13               <li>第 3.3 节 CSS 选择器</li>
14           </ul>
15       </li>
16       <li>第 4 章 CSS 进阶
17           <ul>
18               <li>第 4.1 节 div 标记与 span 标记</li>
19               <li>第 4.2 节 盒子模型</li>
20               <li>第 4.3 节 元素的定位
21                   <ul>
22                       <li>4.3.1 float 定位</li>
23                       <li>4.3.2 position 定位</li>
24                       <li>4.3.3 z-index 空间位置</li>
25                   </ul>
26               </li>
27           </ul>
28       </li>
29   </ul>
```

根据\<li\>中是否包含\<ul\>，可以很轻松地通过 jQuery 选择器找到那些包含子菜单的项目，从而利用 hide()
和 show() 来隐藏和显示它的子项，如下所示，实例文件请参考本书配套的资源文件：第 8 章\8-2.html。

```
1    <script src="jquery.min.js"></script>
2    <script>
3    $(function(){
4        $("li:has(ul)").click(function(e){
5            if(this==e.target){
6                if($(this).children().is(":hidden")){
7                    //如果子项是隐藏的，则显示
8                    $(this).css("list-style-image","url(minus.qif)")
9                    .children().show();
10               }else{
11                   //如果子项是显示的，则隐藏
12                   $(this).css("list-style-image","url(plus.gif)")
13                   .children().hide();
14               }
15           }
16           return false;                          //避免不必要的事件混淆
17       }).css("cursor","pointer").click();     //加载时触发单击事件
```

< 147 >

```
18
19      //对于没有子项的菜单，进行统一设置
20      $("li:not(:has(ul))").css({
21          "cursor":"default",
22          "list-style-image":"none"
23      });
24  });
25  </script>
```

可以看到，通过使用 hide()和 show()方法，不再需要在 CSS 中配置隐藏的样式了。运行结果如图 8.2 所示。

图 8.2　多级菜单

8.1.3　toggle()

jQuery 提供了 toggle()方法，它可使得元素在 show()和 hide()之间切换，因此对于 8-2.html 可以做如下修改：

```
1   <script>
2   $(function(){
3       $("li:has(ul)").click(function(e){
4           if(this==e.target){
5               $(this).children().toggle();
6   $(this).css("list-style-image",($(this).children().is(":hidden")?
    "url(plus.gif)":"url(minus.gif)"))
7           }
8           return false;                    //避免不必要的事件混淆
9       }).css("cursor","pointer").click();   //加载时触发单击事件
10
11      //对于没有子项的菜单，进行统一设置
12      $("li:not(:has(ul))").css({
13          "cursor":"default",
14          "list-style-image":"none"
15      });
16  });
17  </script>
```

运行结果完全相同，实例文件请参考本书配套的资源文件：第 8 章\8-3.html。

< 148 >

8.2 淡入淡出的特效

　　除了元素的直接显示和隐藏，jQuery 还提供了一系列方法来控制元素显示和隐藏的过程。本节将通过具体的实例对这些方法进行简要的介绍。

8.2.1 再探讨 show()、hide()和 toggle()

　　8.1 节对 show()和 hide()方法进行了简要介绍，其实这两个方法还可以接收参数来控制元素显示和隐藏的过程，语法如下：

```
1    show(duration, [callback]);
2    hide(duration, [callback]);
```

其中 duration 表示动画执行的时间长短，它可以是表示速度的字符串，包括 slow、normal、fast，也可以是表示时间的整数，单位是毫秒（ms）。callback 为可选的回调函数，在动画执行完后执行。下面的例子会使用 jQuery 实现显示和隐藏的动画效果，实例文件请参考本书配套的资源文件：第 8 章\8-4.html。

```
1    <!DOCTYPE html>
2    <html>
3    <head>
4    <title>show()、hide()方法</title>
5    <style type="text/css">
6    body{
7        background:url(bg1.jpg);
8    }
9    img{
10       border:1px solid #FFFFFF;
11   }
12   input{
13       border:1px solid #FFFFFF;
14       font-size:13px; padding:4px;
15       font-family:Arial, Helvetica, sans-serif;
16       background-color:#000000;
17       color:#FFFFFF;
18   }
19   </style>
20   <script src="jquery.min.js"></script>
21   <script>
22   $(function(){
23       $("input:first").click(function(){
24           $("img").hide(3000);   //逐渐隐藏
25       });
26       $("input:last").click(function(){
27           $("img").show(500);    //逐渐显示
28       });
29   });
30   </script>
31   </head>
32   <body>
33       <input type="button" value="隐藏">
```

< 149 >

```
34      <input type="button" value="显示">
35      <p><img src="01.jpg"></p>
36  </body>
37  </html>
```

以上代码的原理与 8-1.html 的完全相同，只不过这里给 show()和 hide()分别添加了时间参数，运行结果如图 8.3 所示。读者可以将渐变时间 duration 设置得更长，从而更加仔细地观察渐变过程。

图 8.3   show()和 hide()方法

与 show()和 hide()方法一样，toggle()方法也可以接收两个参数，从而可以制作出动画的效果，本书不再举例介绍。

8.2.2   fadeIn()和 fadeOut()

对于动画效果的显示和隐藏，jQuery 还提供了 fadeIn()和 fadeOut()这两个实用的方法。它们实现的动画效果类似渐渐褪色，它们的语法与 show()和 hide()的完全相同，如下所示：

```
1  fadeIn(duration, [callback])
2  fadeout(duration, [callback])
```

其中参数 duration 和 callback 的意义与 show()和 hide()中的完全相同，这里不再重复讲解，直接给出例子以对这几种效果进行对比，代码如下，实例文件请参考本书配套的资源文件：第 8 章\8-5.html。

```
1   <!DOCTYPE html>
2   <html>
3   <head>
4   <title>fadeIn()、fadeOut()方法</title>
5   <style type="text/css">
6   body{
7       background:url(bg2.jpg);
8   }
9   img{
10      border:1px solid #000000;
11  }
12  input{
13      border:1px solid #000000;
14      font-size:13px; padding:4px;
15      font-family:Arial, Helvetica, sans-serif;
16      background-color:#FFFFFF;
17      color:#000000;
18  }
19  </style>
20  <script src="jquery.min.js"></script>
21  <script>
```

< 150 >

```
22  $(function(){
23      $("input:eq(0)").click(function(){
24          $("img").fadeOut(3000);        //逐渐淡出
25      });
26      $("input:eq(1)").click(function(){
27          $("img").fadeIn(1000);         //逐渐淡入
28      });
29      $("input:eq(2)").click(function(){
30          $("img").hide(3000);           //逐渐隐藏
31      });
32      $("input:eq(3)").click(function(){
33          $("img").show(1000);           //逐渐显示
34      });
35  });
36  </script>
37  </head>
38  <body>
39  <input type="button" value="淡出">
40  <input type="button" value="淡入">
41  <input type="button" value="隐藏">
42  <input type="button" value="显示">
43      <p><img src="02.jpg"></p>
44  </body>
45  </html>
```

为了对比，以上代码中添加了 4 个按钮，分别用于对图片进行 fadeOut()、fadeIn()、hide()和 show()操作，读者可以认真实验，体会它们之间的区别。运行结果如图 8.4 和图 8.5 所示。

图 8.4　fadeOut()方法　　　　　　　　　图 8.5　fadeIn()方法

另外，如果给<p>标记添加背景颜色，再进行动画操作，则可以进一步地了解这几个动画的本质。这里不再一一演示，读者可以自行实验。

8.2.3　自定义变化透明度

本章前面介绍的方法都是实现从无到有或者从有到无的变化，只不过变化的方式不同。jQuery 还提供了 fadeTo(duration, opacity, callback)方法，能够用于让开发者自定义变化的目标透明度。其中 opacity 的取值范围为 0.0~1.0。

下面的例子为<p>标记添加了边框，并且同时设定了 fadeOut()、fadeIn()、fadeTo()这 3 种方法，

< 151 >

这或许能够帮助读者更深刻地认识这 3 种方法所实现的动画效果。实例文件请参考本书配套的资源文件：第 8 章\8-6.html。

```
1   <!DOCTYPE html>
2   <html>
3   <head>
4   <title>fadeTo()方法</title>
5   <style type="text/css">
6   body{
7       background:url(bg2.jpg);
8   }
9   img{
10      border:1px solid #000000;
11  }
12  input{
13      border:1px solid #000000;
14      font-size:13px; padding:2px;
15      font-family:Arial, Helvetica, sans-serif;
16      background-color:#FFFFFF;
17      color:#000000;
18  }
19  p{
20      padding:5px;
21      border:1px solid #000000;      /* 添加边框，利于观察效果 */
22  }
23  </style>
24  <script src="jquery.min.js"></script>
25  <script>
26  $(function(){
27      $("input:eq(0)").click(function(){
28          $("img").fadeOut(1000);
29      });
30      $("input:eq(1)").click(function(){
31          $("img").fadeIn(1000);
32      });
33      $("input:eq(2)").click(function(){
34          $("img").fadeTo(1000,0.5);
35      });
36      $("input:eq(3)").click(function(){
37          $("img").fadeTo(1000,0);
38      });
39  });
40  </script>
41  </head>
42  <body>
43  <input type="button" value="淡出">
44  <input type="button" value="淡入">
45  <input type="button" value="FadeTo 0.5">
46  <input type="button" value="FadeTo 0">
47      <p><img src="03.jpg"></p>
48  </body>
49  </html>
```

以上代码的原理十分简单，这里不再重复讲解。其运行结果如图 8.6 所示，可以看到当使用 fadeOut()

< 152 >

方法时，图片完全消失后将不再占用标记<p>的空间；而若使用 fadeTo(1000,0)，虽然图片也完全不显示，但其仍然占用着标记<p>的空间。

图 8.6 fadeTo()方法

8.3 幻灯片特效

案例讲解

除了前面提到的几种动画效果，jQuery 还提供了 slideUp()和 slideDown()来模拟 PPT 中的幻灯片"拉窗帘"特效。它们的语法与 show()和 hide()的完全相同，如下所示：

```
1   slideUp(duration, [callback])
2   slideDown(duration, [callback])
```

其中参数 duration 和 callback 的意义与 show()和 hide()中的完全相同，这里不再重复讲解，直接给出例子以对这几种效果进行对比，代码如下，实例文件请参考本书配套的资源文件：第 8 章\8-7.html。

```
1   <!DOCTYPE html>
2   <html>
3   <head>
4   <title>slideUp()和 slideDown()</title>
5   <style type="text/css">
6   body{
7       background:url(bg2.jpg);
8   }
9   img{
10      border:1px solid #000000;
11      margin:8px;
12  }
13  input{
14      border:1px solid #000000;
15      font-size:13px; padding:2px;
16      font-family:Arial, Helvetica, sans-serif;
17      background-color:#FFFFFF;
18      color:#000000;
19  }
20  div{
21      background-color:#FFFF00;
22      height:80px; width:80px;
23      border:1px solid #000000;
24      float:left; margin-top:8px;
25  }
26  </style>
```

< 153 >

```
27  <script src="jquery.min.js"></script>
28  <script>
29  $(function(){
30      $("input:eq(0)").click(function(){
31          $("div").add("img").slideUp(1000);
32      });
33      $("input:eq(1)").click(function(){
34          $("div").add("img").slideDown(1000);
35      });
36      $("input:eq(2)").click(function(){
37          $("div").add("img").hide(1000);
38      });
39      $("input:eq(3)").click(function(){
40          $("div").add("img").show(1000);
41      });
42  });
43  </script>
44  </head>
45  <body>
46  <input type="button" value="向上滑动">
47  <input type="button" value="向下滑动">
48  <input type="button" value="隐藏">
49  <input type="button" value="显示"><br>
50  <div></div><img src="04.jpg">
51  </body>
52  </html>
```

以上代码中定义了一个<div>块和一张<img>图片，用add()方法将它们组合在一起，同时进行动画触发，在没有触发任何动画时，页面如图8.7所示。

图8.7　未触发任何动画

单击“向上滑动”和“向下滑动”按钮，会触发相应的动画，效果如图8.8所示。

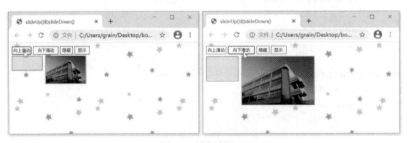

图8.8　触发动画

< 154 >

类似地，slideDown()和 slideUp()具备 slideToggle()的简易切换方法，即它们分别可以对所有隐藏对象进行 slideDown()操作和对所有显示对象进行 slideUp()操作。这里不再重复举例加以介绍，读者可以自行实验。

知识点讲解

8.4 自定义动画

考虑到框架的通用性以及代码文件的大小，jQuery 没有实现所有的动画效果，但它提供了animate()方法用于让开发者自定义动画。本节主要通过实例介绍 animate()方法的两种形式以及运用。

animate()方法给开发者提供了很大的自定义动画的空间。它一共有两种形式，第一种形式比较常用，如下所示：

```
animate(params, [duration], [easing], [callback])
```

其中 params 为希望进行变化的 CSS 属性列表，以及希望变化成的最终值。duration 为可选项，与 show()、hide()方法的 duration 参数的含义完全相同。easing 为可选参数，通常供动画插件使用，用来控制变化过程的节奏；jQuery 中只为其提供了 linear 和 swing 两个值。callback 为可选的回调函数，在动画执行完后执行。

需要特别指出，params 中的变量遵循驼峰命名方式，例如 paddingLeft 不能是 padding-left。另外，params 表示的属性只能是 CSS 中用数值表示的属性，例如 width、top、opacity 等，像如 backgroundColor 这样的属性不会被 animate()支持。下面展示 animate()的基本用法，代码如下，实例文件请参考本书配套的资源文件：第 8 章\8-8.html。

```
1    <!DOCTYPE html>
2    <html>
3    <head>
4    <title>animate()方法</title>
5    <style type="text/css">
6    body{
7        background:url(bg2.jpg);
8    }
9    div{
10       background-color:#FFFF00;
11       height:40px; width:80px;
12       border:1px solid #000000;
13       margin-top:5px; padding:5px;
14       text-align:center;
15   }
16   </style>
17   <script src="jquery.min.js"></script>
18   <script>
19   $(function(){
20       $("button").click(function(){
21           $("#block").animate({
22               opacity: "0.5",
23               width: "80%",
24               height: "100px",
25               borderWidth: "5px",
26               fontSize: "30px",
27               marginTop: "40px",
28               marginLeft: "20px"
```

< 155 >

```
29            },2000);
30       });
31  });
32  </script>
33  </head>
34  <body>
35      <button id="go">Go>></button>
36      <div id="block">动画! </div>
37  </body>
38  </html>
```

以上代码的animate()中设定了一系列的 CSS 属性，单击按钮触发动画效果后，<div>块会由原先的样式逐渐变成 animate()中设定的样式。图 8.9 所示为代码运行前后的页面截图。

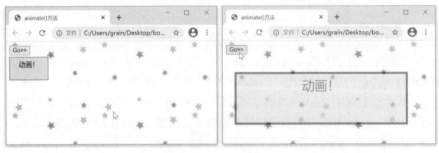

图 8.9　animate()方法

本章小结

本章首先对 jQuery 提供的动画功能进行了讲解，其基础的特效是控制元素的显示和隐藏，以及两种状态之间的切换，对应 3 个方法，分别是 show()、hide()和 toggle()；然后举例说明了类似 PPT 中的淡入淡出特效，对应的方法分别是 fadeIn()和 fadeout()，以及幻灯片特效，对应的方法分别是 slideUp()和 slideDown()；最后讲解了自定义动画，即可以通过 animate()方法自定义实现更复杂、更炫酷的动画效果。

习题 8

一、关键词解释
动画　淡入淡出　自定义动画
二、描述题
1. 请简单描述一下 jQuery 显示和隐藏元素的方法。
2. 请简单描述一下 jQuery 如何实现幻灯片效果。
3. 请简单描述一下 jQuery 如何实现自定义动画。
三、实操题
请实现以下动画效果：初始状态下，页面中只显示一个"搜索"按钮，如题图 8.1 所示。单击"搜索"按钮，显示出搜索框和关闭图标，如题图 8.2 所示。单击关闭图标，即恢复默认页面效果。按钮、搜索框和关闭图标三个元素的具体动画效果如下。

< 156 >

- 显示和隐藏搜索框时，透明度和宽度逐渐变化。
- 在"搜索"按钮的过渡动画中，宽、高、圆角等发生变化。
- 关闭图标实现显示和隐藏功能时使用本章介绍的 fadeIn() 和 fadeOut() 方法。

题图 8.1　默认效果

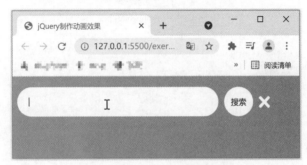

题图 8.2　单击"搜索"按钮后的效果

< 157 >

第 **9** 章 jQuery 插件

jQuery 再强大也不可能包含所有的功能，而且考虑到框架的通用性以及代码文件的大小，jQuery 框架仅仅集成了 JavaScript 中核心且常用的功能。然而 jQuery 有许许多多的插件都是针对特定的内容并以 jQuery 为核心而编写的。这些插件涉及 Web 的方方面面，并且功能十分完善。本章思维导图如下。

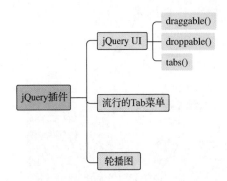

本章导读

9.1 模拟加入购物车

案例讲解

随着网络的发展，现如今越来越多的人会选择在网络上购买商品，并且可以将商品加入购物车进行结算。现在，我们介绍如何使用拖曳的方式来实现将商品加入购物车。

本节将介绍使用 jQuery UI，它是十分流行的插件之一，使用它开发者可以方便地实现很多特效。在 jQuery UI 官网即可下载 jQuery UI 安装包，下载安装包后进行解压并找到两个主要的文件 jquery-ui.min.js 和 jquery-ui.min.css，然后将它们引入网页。jQuery UI 有非常多的组件，主要包括鼠标交互、用户界面以及特效等方面的组件。本章主要介绍 3 个组件，分别是 draggable()、droppable() 和 tabs()。

9.1.1 鼠标拖曳

鼠标拖曳在实际的网页中运用十分广泛，主要是因为这个功能通常会给用户留下十分酷的印象，而且能够大大增强页面的可操作性。图 9.1 展示了项目管理中常用的看板管理功能，该功能可以实现将任务拖曳到"下一阶段"中。

使用 jQuery UI 的鼠标拖曳组件能够很轻松地实现鼠标的交互操作，只需要给目标对象添加 draggable() 方法即可，实例如下，实例文件请参考本书配套的资源文件：第 9 章\9-1.html。

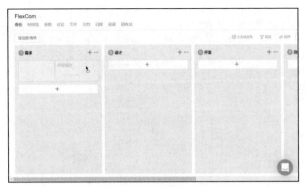

图 9.1　看板管理功能

```
1    <!DOCTYPE html>
2    <html>
3    <head>
4      <title>鼠标拖曳-draggable()</title>
5    </head>
6    <style type="text/css">
7      body{
8        background:#ffe7bc;
9      }
10     .block{
11       border:2px solid #760000;
12       background-color:#ffb5b5;
13       width:80px; height:25px;
14       margin:5px; float:left;
15       padding:20px; text-align:center;
16       font-size:14px;
17       font-family:Arial, Helvetica, sans-serif;
18     }
19   </style>
20   <body>
21
22   <script src="jquery-3.6.0.min.js"></script>
23   <script src="jquery-ui.min.js"></script>
24   <script>
25     $(function(){
26       for(let i=0;i<3;i++){
27         //创建 3 个透明的<div class='block'>块
28         $(document.body)
29           .append($("<div class='block'>div"+i.toString()+"</div>")
30           .css("opacity",0.6));
31       }
32       //直接调用 draggable()方法
33       $(".block").draggable();
34     });
35   </script>
36   </body>
37   </html>
```

以上代码首先导入 jQuery UI 插件，然后在页面加载时创建 3 个透明的<div class="block">块，最后直接调用 draggable()方法使其能够被鼠标拖曳。运行结果如图 9.2 所示。

< 159 >

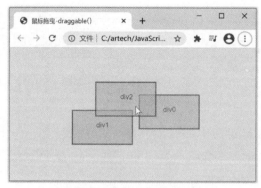

图 9.2　鼠标拖曳-draggable()

　　除了实现任意拖曳，draggable()还可以接收一系列参数来控制拖曳的细节。例如，创建 3 个 div 块，让它们分别只能在 x 轴上、y 轴上、父元素内拖曳，代码如下，实例文件请参考本书配套的资源文件：第 9 章\9-2.html。

```
1   <body>
2   <br>
3   <div id="one"><div id="x">x 轴</div></div>
4   <div id="two"><div id="y">y 轴</div></div>
5   <div id="three"><div id="parent">父元素</div></div>
6
7   <script src="jquery-3.6.0.min.js"></script>
8   <script src="jquery-ui.min.js"></script>
9   <script>
10  $(function(){
11      $("#one").add("#two").add("#three").add("#x").css("opacity",0.7);
12      $("#x").draggable({axis:"x"});                    //只能在 x 轴上拖曳
13      $("#y").draggable({axis:"y"});                    //只能在 y 轴上拖曳
14      $("#parent").draggable({containment:"parent"});   //只能在父元素内拖曳
15  });
16  </script>
17  </body>
```

运行结果如图 9.3 所示。

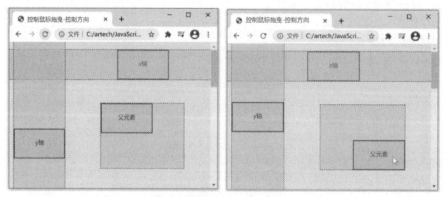

图 9.3　控制鼠标拖曳-控制方向

　　draggable()可接收的参数非常多，这里不再一一介绍，常用的如表 9.1 所示。

< 160 >

表 9.1　draggable() 可接收的常用参数

参数	说明
helper	被拖曳的对象，默认值为 original，即运行 draggable() 的选择器本身。如果将值设置为 clone，则以复制的形式拖曳
handle	触发拖曳的对象，通常为块中的一个子元素
start	拖曳开始时的回调函数，该函数接收两个参数，第一个参数为 event 事件，其 target 属性指代被拖曳的元素；第二个参数为与拖曳相关的对象
stop	拖曳结束时的回调函数，参数与 start 的完全相同
drag	在拖曳过程中一直运行的函数，参数与 start 的完全相同
axis	控制拖曳的方向，值可以为 x 或者 y
containment	限制拖曳的区域，值可以为 parent、document、指定的元素、指定坐标的对象
grid	对象每次移动的步长，例如 grid:[100,80] 表示在水平方向上每次移动 100 像素，在竖直方向上每次移动 80 像素
opacity	拖曳过程中对象的透明度，值的范围为 0.0～1.0
revert	如果值为 true，则对象在拖曳结束后会自动返回原处，默认值为 false

下面的例子会使用 jQuery UI 控制鼠标拖曳的细节，是表 9.1 中一些参数的具体运用，供读者参考，实例文件请参考本书配套的资源文件：第 9 章\9-3.html。

```
1   <body>
2   <div>只能大步移动 grid</div>
3   <div>我要回到原地 revert</div>
4   <div>我是被复制的 helper:clone</div>
5   <div>拖曳我要透明 opacity</div>
6   <div><p>拖曳我才行</p></div>
7   <div>我不能出页面</div>
8
9   <script src="jquery-3.6.0.min.js"></script>
10  <script src="jquery-ui.min.js"></script>
11  <script>
12  $(function(){
13      $("div:eq(0)").draggable({grid:[80,60]});
14      $("div:eq(1)").draggable({revert:true});
15      $("div:eq(2)").draggable({helper:"clone"});
16      $("div:eq(3)").draggable({opacity:0.3});
17      $("div:eq(4)").draggable({handle:"p"});
18      $("div:eq(5)").draggable({containment:"document"});
19  });
20  </script>
21  </body>
```

运行结果如图 9.4 所示。

图 9.4　控制鼠标拖曳-控制细节

< 161 >

另外还可以通过 draggable("disable")和 draggable("enable")来分别阻止、允许对象被拖曳，在 9-3.html 中添加一个包含两个按钮的<div>块：

```
<div>总控制台<br><input type="button" value="禁止"> <input type="button" value="允许"></div>
```

然后添加如下代码：

```
1  $("input[type=button]:eq(0)").click(function(){
2      $("div").draggable("disable");
3  });
4  $("input[type=button]:eq(1)").click(function(){
5      $("div").draggable("enable");
6  });
```

可以发现，如果单击"禁止"按钮，则所有块都不能再被拖曳；如果单击"允许"按钮，则又可以继续拖曳，如图 9.5 所示。实例文件请参考本书配套的资源文件：第 9 章\9-4.html。

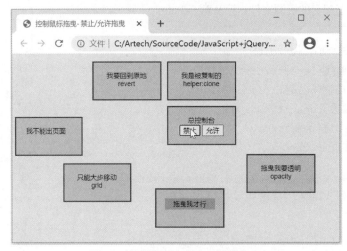

图 9.5 控制鼠标拖曳-禁止/允许拖曳

9.1.2 拖入购物车

与拖曳对象相对应，在实际运用中往往需要一个容器来接收被拖曳的对象。常见的网络购物车就是典型的例子。

jQuery UI 插件中除了提供了 draggable()来实现鼠标拖曳外，还提供了 droppable()来实现接收容器。该方法同样有一系列参数可以进行设置，常用的如表 9.2 所示：

表 9.2 droppable()可接收的常用参数

参数	说明
accept	如果是字符串则表示允许接收的 jQuery 选择器，如果是函数则对页面中的所有 droppable()对象加以判断，返回 true 则表示可以接收
activeClass	当可接收对象被拖曳时容器的 CSS 样式
hoverClass	当可接收对象进入容器时容器的 CSS 样式
tolerance	定义对象被拖曳到什么状态算进入了容器，可选的值有 fit、intersect、pointer 和 touch
active	当可接收对象开始被拖曳时所调用的函数

< 162 >

续表

参数	说明
deactive	当可接收对象不再被拖曳时所调用的函数
over	当可接收对象被拖曳到容器上方时所调用的函数
out	当可接收对象被拖曳出容器时所调用的函数
drop	当可接收对象被拖曳到真正进入容器时所调用的函数

下面的例子展示了 droppable() 的基本用法，实现了将对象拖入购物车，实例文件请参考本书配套的资源文件：第 9 章\9-5.html。

```
1   <body>
2     <div class="draggable red">draggable red</div>
3     <div class="draggable green">draggable green</div>
4     <div id="droppable-accept" class="droppable">droppable<br></div>
5
6     <script src="jquery-3.6.0.min.js"></script>
7     <script src="jquery-ui.min.js"></script>
8     <script>
9     $(function(){
10      $(".draggable").draggable({helper:"clone"});
11      $("#droppable-accept").droppable({
12        accept: function(draggable){
13          //接收类别为 green 的对象
14          return $(draggable).hasClass("green");
15        },
16        drop: function(){
17          $(this).append($("<div></div>").html("drop!"));
18        }
19      });
20    });
21    </script>
22  </body>
```

以上代码共有两个 <div> 块用于拖曳，并有一个购物车容器 droppable 用于接收对象。在以上代码中接收容器只接收类别为 green 的对象。运行结果如图 9.6 所示，可以看到拖曳红色块到容器中时没有任何反应，而拖曳绿色块到容器中时则容器会正常接收。

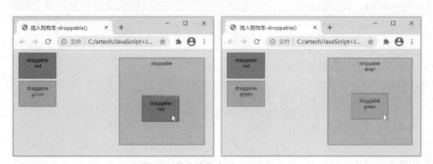

图 9.6　拖入购物车-droppable()

9.1.3　模态框提示

如 9.1.2 小节所示，拖曳绿色块成功之后，购物车容器 droppable 会提示 "drop!"。现在将提示信息

< 163 >

改为模态框形式，这样可以提升用户体验。这里将要介绍的 iziModal 插件提供基本的动画特效，并且能够用于方便地自定义模态框效果。下面介绍如何使用 iziModal。

（1）下载并引入 JS 文件和 CSS 文件。

先从 iziModal 官网下载文件，如图 9.7 所示，下载完并解压后可得到 iziModal.min.css 和 iziModal.min.js 文件，将它们引入项目。在引入 iziModal.min.js 文件之前，需要先引入 jQuery。

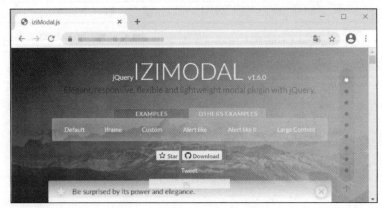

图 9.7　从 iziModal 官网下载文件

（2）编写模态框内容。

在<body>标签中加入模态框的 HTML 结构，如下代码所示：

```
1    <!-- Modal structure -->
2    <div id="modal">
3      加入购物车成功
4    </div>
5
6    <!-- Trigger to open Modal -->
7    <a href="#" class="trigger">Modal</a>
```

以上代码中，div#modal 是模态框容器，其中是模态框显示的内容。另外还有一个<a>标签，用于在单击鼠标后弹出模态框。

（3）初始化模态框。

先用 jQuery 选中#modal，然后直接调用 iziModal()方法来初始化模态框，并给<a>标签添加一个单击事件以触发模态框弹出，代码如下：

```
1    <script>
2      // 初始化模态框
3      $("#modal").iziModal({
4        padding: '10px 20px',
5        width: '200px',
6        timeout: '2000' // 2000ms（2s）后自动关闭模态框
7      });
8
9      $(document).on('click', '.trigger', function (event) {
10         event.preventDefault();
11         $('#modal').iziModal('open');
12     });
13   </script>
```

< 164 >

　　此时，单击页面中的<a>标签对应的按钮，会弹出一个提示框，2s后它会自动关闭。弹出提示框的效果如图9.8所示。

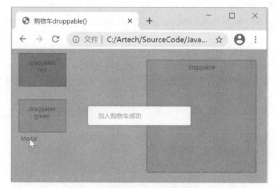

图 9.8　单击按钮，弹出提示框

（4）加入图标。

　　在模态框中加入图标比较简单，Font Awesome 是常用的字体图标库。直接进入其官网下载对应的图标库，然后将解压后的整个 css 和 webfonts 文件夹复制到项目中。css 文件夹包含核心样式以及使用 Font Awesome 时所需的所有图标样式，webfonts 文件夹包含 CSS 引用并依赖的所有字体文件。引入的代码如下所示：

```
<link rel="stylesheet" href="css/all.css">
```

　　然后直接使用对应类即可。代码如下所示：

```
1  <div id="modal">
2    <p class="far fa-check-circle"></p>
3    加入购物车成功
4  </div>
```

　　效果如图9.9所示。

图 9.9　加入图标

（5）拖入购物车成功后触发弹框。

　　既然单击按钮之后会弹出模态框，那么拖入购物车成功后同样可以触发弹框效果，代码如下所示：

```
1  $("#droppable-accept").droppable({
2    accept: function(draggable){
3      //接收类别为 green
```

< 165 >

```
4        return $(draggable).hasClass("green");
5      },
6    drop: function(){
7      $(this).append($("<div></div>").html("drop!"));
8      $('#modal').iziModal('open'); // 添加触发弹框的代码
9      }
10   });
```

拖入购物车成功后会弹出一个提示框，2s 后它会自动关闭。效果如图 9.10 所示。

图 9.10　拖入购物车成功后弹出提示框

（6）更丰富的弹框信息。

模态框还有很多样式效果，可以配置弹框标题、副标题，以及是否显示手动关闭按钮等。其配置项都可以在官网中找到，例如，配置标题为"弹框信息"。将 title 的配置项加入 iziModal 对象即可，代码如下所示：

```
1    // 初始化模态框
2    $("#modal").iziModal({
3      title: '弹框信息',
4      padding: '10px 20px',
5      width: '200px',
6      timeout: '2000' // 2000ms 后自动关闭模态框
7    });
```

其运行效果如图 9.11 所示。

图 9.11　配置弹框标题

实例文件请参考本书配套的资源文件：第 9 章\9-6.html。

< 166 >

9.2 流行的 Tab 菜单

　　Tab 菜单目前在网络上越来越流行，因为它能够在很小的空间里容纳更多的内容，尤其是门户网站，更是会频繁地使用 Tab 菜单。图 9.12 所示为网易的 Tab 菜单。

图 9.12　网易的 Tab 菜单

　　jQuery UI 提供了用于直接生成 Tab 菜单的 tabs() 方法，该方法可以直接针对项目列表生成对应的 Tab 菜单，使用实例如下，实例文件请参考本书配套的资源文件：第 9 章\9-7.html。

```
1  <!DOCTYPE html>
2  <html>
3  <head>
4    <title>流行的 Tab 菜单</title>
5  </head>
6  <link rel="stylesheet" href="jquery-ui.min.css">
7  <style type="text/css">
8  body{
9    background:#ffe7bc;
10   font-size:12px;
11   font-family:Arial, Helvetica, sans-serif;
12 }
13 </style>
14 <body>
15   <div id="container">
16     <ul>
17       <li><a href="#fragment-1"><span>One</span></a></li>
18       <li><a href="#fragment-2"><span>Two</span></a></li>
19       <li><a href="#fragment-3"><span>Three</span></a></li>
20     </ul>
21     <div id="fragment-1">春节(Spring Festival)中国民间最隆重最富有特色的传统节日，它标
          志农历旧的一年结束和新的一年的开始。……</div>
22     <div id="fragment-2">农历五月初五，俗称"端午节"。端是"开端""初"的意思。初五可以称
          为端五。……</div>
23     <div id="fragment-3"> 农历九月九日，为传统的重阳节。重阳节又称为"双九节""老人节"因为
          古老的《易经》中把"六"定为阴数，……</div>
24   </div>
25
26   <script src="jquery-3.6.0.min.js"></script>
27   <script src="jquery-ui.min.js"></script>
28   <script>
```

< 167 >

```
29      $(function(){
30        //直接制作 Tab 菜单
31        $("#container").tabs();
32      });
33    </script>
34  </body>
35  </html>
```

以上代码将 Tab 菜单的 3 项分别放置于项目列表的<li>中，每个超链接地址都与<li>对应的<div>相关联，运行结果如图 9.13 所示，可以看出以上代码很轻松地实现了 Tab 菜单的效果。注意，要实现 Tab 菜单的效果，需要引入样式文件 jquery-ui.min.css。

图 9.13　流行的 Tab 菜单

采用上述方法创建的 Tab 菜单是蓝色的，倘若希望使用其他配色方案，则需要手动修改插件的代码。插件的所有样式对应的代码都是放在一个名为 jquery-ui.min.css 的文件中的，其中边框和文字的背景颜色比较好修改，默认设置为：

```
1   .ui-widget-header .ui-state-active {
2       border: 1px solid #003eff;
3       background: #007fff;
4       font-weight: normal;
5       color: #fff;
6   }
```

例如要修改为绿色，文件中的<style>标签内的样式的优先级高于<link>引入的样式的优先级，则在<style>标签中会覆盖<link>引入的样式，如下所示：

```
1   <style type="text/css">
2   body{
3     /* 代码已省略 */
4   }
5
6   .ui-widget-header .ui-state-active {
7       background: #519e2d;
8       border: 1px solid #51af2d;
9   }
10  </style>
```

此时页面效果如图 9.14 所示，Tab 菜单被修改为绿色。倘若要使用其他颜色的 Tab 菜单，则设置方法是类似的。

< 168 >

图 9.14　Tab 菜单被修改为绿色

　　另外，tabs()方法还可以通过接收参数来设置 Tab 菜单的各个细节。例如下面的代码会实现在初始化时自动选择 Tab 菜单的第二项，并且在用户切换选项时配合出现动画效果，运行结果如图 9.15 所示。实例文件请参考本书配套的资源文件：第 9 章\9-8.html。

```
1   <body>
2   <div id="container">
3       <ul>
4           <li><a href="#fragment-1"><span>One</span></a></li>
5           <li><a href="#fragment-2"><span>Two</span></a></li>
6           <li><a href="#fragment-3"><span>Three</span></a></li>
7       </ul>
8       <div id="fragment-1">春节(Spring Festival)中国民间最隆重最富有特色的传统节日，它标
            志农历旧的一年结束和新的一年的开始。……</div>
9       <div id="fragment-2">农历五月初五，俗称"端午节"。端是"开端""初"的意思。初五可以称
            为端五。……</div>
10      <div id="fragment-3"> 农历九月九日，为传统的重阳节。重阳节又称为"双九节""老人节"因为
            古老的《易经》中把"六"定为阴数，……</div>
11  </div>
12
13  <script src="jquery-3.6.0.min.js"></script>
14  <script src="jquery-ui.min.js"></script>
15  <script>
16  $(function(){
17      //直接制作 Tab 菜单，默认选择第二项，且切换的时候会配合出现动画效果
18      $("#container").tabs({active:1, show:'slideDown', hide:'slideUp'});
19  });
20  </script>
21  </body>
```

图 9.15　设置 Tab 菜单的细节

< 169 >

案例讲解

9.3 轮播图

本节介绍很多网站都会用到的一个插件——轮播图，比如京东、淘宝、阿里巴巴等
网站首页都会有一个轮播图，用来展示产品。下面介绍模拟实现一个轮播图，最终效果如图 9.16 所示。

图 9.16　轮播图效果

9.3.1　使用轮播图插件前的准备

首先介绍一下案例中会使用到的轮播图插件 jCarousel，它是一个 jQuery 插件，用于控制水平或垂
直方向上的项目列表。它提供了功能齐全且使用灵活的工具集，用于以轮播的方式显示任何基于 HTML
的内容。

jCarousel 及其组件能以完整的现成文件或独立文件的形式被下载。为了方便讲解，我们直接下载
包含核心代码和所有插件的 JS 文件。在其官网直接找到压缩版的 JS 文件并将之下载到本地，如
图 9.17 所示。

图 9.17　下载 JS 文件

< 170 >

介绍完下载 JS 文件后，就要介绍如何使用插件了。

9.3.2　使用轮播图插件

jCarousel 官网提供了一些例子，如图 9.18 所示。我们可以进入其 GitHub 页面下载完整代码。

图 9.18　jCarousel 例子

我们以 Basic Carousel 例子为基础，介绍将其换成自己图片的方法，代码如下：

```
1   <!DOCTYPE html>
2   <html>
3   <head>
4     <title>轮播图</title>
5   </head>
6   <link rel="stylesheet" href="jcarousel.basic.css">
7   <script type="text/javascript" src="jquery-3.6.0.min.js"></script>
8   <script type="text/javascript" src="jquery.jcarousel.min.js"></script>
9   <script type="text/javascript" src="jcarousel.basic.js"></script>
10  <style>
11  .jcarousel-wrapper {
12    width: 590px;
13    height: 470px;
14  }
15  </style>
16  <body>
17    <div class="jcarousel-wrapper">
18      <div class="jcarousel">
19        <ul>
20          <li><img src="img/1.jpg" alt=""></li>
21          <li><img src="img/2.jpg" alt=""></li>
22          <li><img src="img/3.jpg" alt=""></li>
23          <li><img src="img/4.jpg" alt=""></li>
24          <li><img src="img/5.jpg" alt=""></li>
25        </ul>
26      </div>
```

< 171 >

```
27      <a href="#" class="jcarousel-control-prev">&lsaquo;</a>
28      <a href="#" class="jcarousel-control-next">&rsaquo;</a>
29      <p class="jcarousel-pagination"></p>
30    </div>
31  </body>
32  </html>
```

此时，轮播图框架已搭建成功，运行效果如图 9.19 所示。

图 9.19　轮播图框架搭建成功

从图 9.19 中可以看出，其中的图片尺寸超出了容器的宽度和高度。接下来介绍如何调整轮播图效果，让它更符合实际情况。

9.3.3　调整轮播图效果

在实际应用中，轮播图效果有很多种，例如和样式相关的包括调整切换按钮的位置、修改切换按钮的样式、修改指示器的样式等；和动画相关的包括轮播图自动播放、鼠标指针移入停止自动播放、鼠标指针移出开启自动播放、垂直方向轮播等。

下面就针对上述部分情况进行讲解。官网中有很多配置项，读者可以自行学习。

（1）修改样式。

首先修改容器的宽度和高度，并将白色的边框去掉，代码如下所示：

```
1   .jcarousel-wrapper {
2     width: 590px;
3     height: 470px;
4     border: none;
5   }
```

然后将切换按钮放入容器，并修改按钮的样式，代码如下所示：

```
1   .jcarousel-control-prev,
```

< 172 >

```
2    .jcarousel-control-next {
3      background-color: rgba(0,0,0,.15);
4      width: 25px;
5      border-radius: 0;
6    }
7    .jcarousel-control-prev {
8      left: 0;
9      border-top-right-radius: 18px;
10     border-bottom-right-radius: 18px;
11   }
12   .jcarousel-control-next {
13     right: 0;
14     border-top-left-radius: 18px;
15     border-bottom-left-radius: 18px;
16   }
```

其运行效果如图 9.20 所示，为了更清楚地看到样式的变化，这里切换到了第二张轮播图。

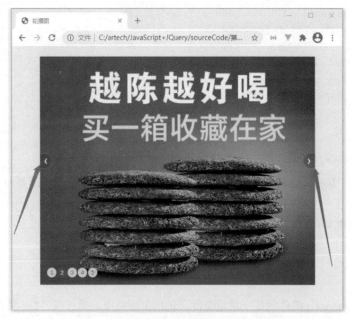

图 9.20　修改了轮播图容器和按钮样式的效果

（2）自动播放。

想要让轮播图自动播放，需要使用 jCarousel 的 Autoscroll 组件。Autoscroll 组件有多个配置参数，下面是基本使用方法的代码：

```
1    <script>
2      $(function() {
3        $('.jcarousel').jcarouselAutoscroll({
4            interval: 3000,
5            target: '+=1',
6            autostart: true
7        });
8      });
9    </script>
```

< 173 >

以上代码中 interval 表示间隔切换的毫秒值；target:' +=1'表示每次切换增加的个数，默认个数是 1，如果改成 target: '+=2'，轮播图就会从第一张图自动切换到第三张图；autostart 表示是否开启自动播放，默认是开启。此时，就实现了自动播放效果。

（3）鼠标指针移入，停止自动播放；鼠标指针移出，开启自动播放。

现在鼠标指针移入之后，轮播图依旧是轮播状态。想要使鼠标指针移入后停止自动播放，鼠标指针移出后开启自动播放，首先应给轮播图添加移入、移出事件，再控制其停止、开始，代码如下：

```
1   <script>
2     $(function() {
3       $('.jcarousel').jcarouselAutoscroll({
4           interval: 3000,
5           target: '+=1',
6           autostart: true
7       });
8       // 鼠标指针移入，停止自动播放
9       $('.jcarousel li').mouseenter(function() {
10        $('.jcarousel').jcarouselAutoscroll('stop');
11      })
12      // 鼠标指针移出，开启自动播放
13      $('.jcarousel li').mouseleave(function() {
14        $('.jcarousel').jcarouselAutoscroll('start');
15      })
16
17    });
18  </script>
```

这时，就实现了鼠标指针移入，停止自动播放；鼠标指针移出，开启自动播放的功能。轮播图效果如图 9.16 所示。

实例文件请参考本书配套的资源文件：第 9 章\9-9.html。

本章小结

本章讲解了 jQuery UI 插件的几个常用组件，包括鼠标拖曳、模态框、Tab 菜单等，还介绍了轮播图插件。这些在各种网站中大都有实际的运用，希望读者能够体会插件带来的好处：只需要用少量的代码就能实现丰富的功能。在使用插件的过程中，关键是看懂对应的使用说明。各种插件的使用方式是类似的。丰富的插件生态体系给 jQuery 带来了更强大的生命力，其大量的功能都被封装成了插件。

习题 9

一、关键词解释
jQuery 插件　jQuery UI

< 174 >

二、实操题

使用 jQuery UI 中的 sortable 组件实现对列表进行排序，效果如题图 9.1 所示。

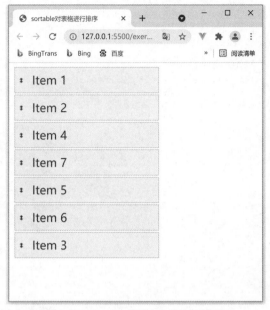

题图 9.1 使用 sortable 组件实现对列表进行排序

< 175 >

下篇

jQuery
综合实例篇

第 **10** 章　综合实例一：网页留言本

前文已对 JavaScript 和 jQuery 进行了大量讲解，本章将介绍一个综合实例，实现一个简单的网页留言本，主要包括以下知识点：

- 使用插件对表单进行处理；
- 使用插件对表单数据进行验证；
- 使用 AJAX 方式提交表单。

网页留言本是在很多网站上常见的一种收集用户意见的工具，很多电子商务网站，都会让用户写下自己对于商品的留言或评价等。本章会结合网页留言本讲解一些与表单相关的内容。本章思维导图如下。

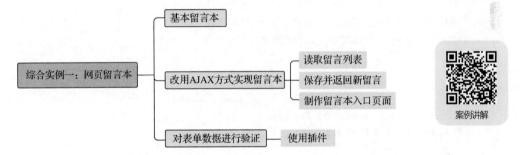

10.1　基本留言本

假设一个页面上有一个基本的用于用户留言的表单，结构如下所示：

```
1    <form id="comment-form" action="guestbook.aspx" method="post">
2    <p>姓名: <input type="text" name="name"/></p>
3    <p>留言: <textarea name="comment" ></textarea></p>
4       <input type="submit" value="提交"/>
5    </form>
```

通常情况下，用户单击"提交"按钮之后，系统就会根据<form>标记的 action 属性所指定的 URL 向服务器发送 POST 请求。服务器获得提交的表单数据之后，就会进行相应的处理，例如把提交的留言保存到数据库中，然后返回给浏览器处理成功的信息，这种方式被称为"HTML 表单"，这种方式的结果会使整个页面刷新。我们先实现一个采用这种方式的基本留言本。

如果要使留言本能真正留言并显示出留言的内容，就一定需要服务器端配合。我们用简单的方式来实现一个可以留言的留言本。

这里使用 ASP.NET 作为后端语言，因为这是极方便的能在本地运行服务器端代码的方法，不需要额外下载软件，只需要使用 Windows 自带的 IIS Web 服务器即可。当然也可以用其他任何后端语言来实现相同的功能，比如 PHP、Java 等。读者可以阅读与本书相关的扩展内容以了解相关知识。

先看下面的代码，其看起来可能会很眼熟，但是它和普通页面的代码又有所区别。这个区别在于 <% 和 %> 之间的内容浏览器是无法识别的，它们都是后端代码，服务器会执行这些代码并在将其替换为普通的 HTML 内容之后，把整个页面发送给浏览器。这个过程被称为"服务器端渲染"。

当我们把这个混杂了一些后端代码的页面文件的扩展名从.html 改为.aspx 的时候，这个页面就成了一个后端页面。完整代码如下，实例文件请参考本书配套的资源文件：第 10 章\basic-guestbook\guestbook.aspx。

```
1   <%@ Page Language="C#" ContentType="text/html"
2     ResponseEncoding="utf-8" %>
3   <%@ Import Namespace="System.IO" %>
4
5   <html>
6   <body>
7    <form id="comment-form" action="guestbook.aspx" method="POST">
8    <p>姓名: <input type="text" name="name"/></p>
9    <p>留言: <textarea name="comment" ></textarea></p>
10     <input type="submit" value="提交"/>
11   </form>
12   <p>
13   <%
14     string path = Server.MapPath("guestbook.txt");
15     string content = string.Empty;
16     if (File.Exists(path))
17     {
18       content = File.ReadAllText(path);
19     }
20     if(Request.HttpMethod == "POST")
21     {
22         string time = DateTime.Now.ToString();
23         string name = Request.Form["name"];
24         string comment = Request.Form["comment"];
25         content = time + Environment.NewLine
26           + name + "留言说: " + Environment.NewLine
27           + comment + Environment.NewLine
28           + "<hr/>"
29           + content;
30         File.WriteAllText(path, content, Encoding.UTF8);
31     }
32     Response.Write(content.Replace(Environment.NewLine, "<br/>"));
33   %>
34   </p>
35   </body>
36   </html>
```

在解释这段代码之前，我们先看一下代码所实现的效果，如图 10.1 所示。注意，必须要用 IIS 配置网站，这样才能在本地访问这个页面，另外可以从图中看到网址是 http://localhost/aspx/加上这个页面的文件名。具体配置方法请参看本书的配套演示视频。

< 178 >

图 10.1　网页留言本效果

图 10.1 的上方是表单，下方是以前的留言列表。在表单中只需要输入姓名和留言内容两项，单击"提交"按钮后，页面就会刷新，最新留言也会出现在下方留言列表的最上方。

这里需要简单介绍一下服务器端代码的功能。在留言列表对应代码的<p>标记中，<%和%>之间的代码完成了如下几件事。

- 在指定的路径访问一个文本文件（就是.aspx 文件所在文件夹里面名为 guestbook.txt 的一个文本文件）的内容，这个文本文件用来保存所有的留言。
- 判断这个访问是 GET 方式的请求还是 POST 方式的请求。
  ◆ 如果是 GET 方式的请求，则直接把文本文件的内容输出。
  ◆ 如果是 POST 方式的请求，则先从请求中读出两个表单项的内容，然后将它们拼接在一起，并将之加入留言列表，再将之保存回文本文件。这样每次的留言就不会丢失了。

正常情况下，网站都会使用数据库（如 MySQL、Oracle、SQL Server 等）来保存数据。这里为了简化，使用一个文本文件保存数据，它可以被看作一个简单的留言本，也可以被看作一个简单的有一点实际功能的后端页面。

但是读者要特别注意，前面的程序仅作为演示，而绝对不能直接发布到互联网上；另外对于后端程序，一定要做好必要的安全措施，以防出现各种漏洞和被攻击。这样才能将其发布到互联网上，否则会非常危险。

可以注意到一点，上面的方式虽然能够实现基本的功能，但是每次提交留言以后，都是整个页面刷新，这样就会出现短暂的白屏，看起来会"闪一下"。下面我们介绍改用 AJAX 的提交方式如何实现避免页面"闪烁"。

10.2　改用 AJAX 方式实现留言本

我们将原来的 guestbook.aspx 文件拆成 3 个文件，即一个普通的 HTML 文件（guestbook.html，可作为留言本入口），以及两个.aspx 文件。在 guestbook.html 中会通过 AJAX 调用这两个.aspx 文件。

10.2.1 读取留言列表

第一个.aspx 文件是 comment-list.aspx，作用是读取文本文件，并把内容直接返回给浏览器，如果这个文本文件不存在，则返回一个空字符串，代码如下所示：

```
1   <%@ Page Language="C#" ContentType="text/html" ResponseEncoding="utf-8" %>
2   <%@ Import Namespace="System.IO" %>
3
4   <%
5     string path = Server.MapPath("guestbook.txt");
6     string content = File.Exists(path) ? File.ReadAllText(path) : string.Empty;
7     Response.Write(content.Replace(Environment.NewLine, "<br/>"));
8   %>
```

10.2.2 保存并返回新留言

另一个.aspx 文件是 comment.aspx，作用是读取表单中的姓名和留言内容，然后按照统一的格式将它们保存到文本文件中，最后把新添加的留言返回给浏览器，代码如下所示：

```
1   <%@ Page Language="C#" ContentType="text/html" ResponseEncoding="utf-8" %>
2   <%@ Import Namespace="System.IO" %>
3
4   <%
5   string path = Server.MapPath("guestbook.txt");
6   string content = string.Empty;
7   if (File.Exists(path))
8    content = File.ReadAllText(path);
9   string time = DateTime.Now.ToString();
10  string name = Request.Form["name"];
11  string comment = Request.Form["comment"];
12  string newComment = time + Environment.NewLine
13     + name + "留言说: " + Environment.NewLine
14     + comment + Environment.NewLine
15     + "<hr/>";
16  content = newComment + content;
17  File.WriteAllText(path, content, Encoding.UTF8);
18  Response.Write(newComment.Replace(Environment.NewLine, "<br/>"));
19  %>
```

10.2.3 制作留言本入口页面

准备好上面两个.aspx 文件之后，就可以制作留言本入口页面文件了。将原来的 guestbook.aspx 另存为 guestbook.html，让它成为一个普通的.html 静态页面文件。删除所有由<%和%>标识的后端代码。然后增加一段 JavaScript 代码，并将留言列表的内容改为两个<span>标记的内容，分别设置 id 为 new-comment 和 comment-list。前者用于显示新添加的留言，后者用于显示原有的留言列表，代码如下所示：

```
1   <html>
2   <head>
3     <script src="jquery-3.5.1.min.js"></script>
```

< 180 >

```
4      <script src="jquery.form.min.js"></script>
5      <script>
6        $(function() {
7          $("#comment-list").load("guestbook-list.aspx");
8          $('#comment-form').ajaxForm({success: function(response){
9            $("#new-comment").prepend(response);
10         }});
11       });
12     </script>
13  </head>
14  <body>
15    <h1>网页留言本</h1>
16    <form id="comment-form" action="comment.aspx" method="POST">
17      <p>姓名: <input type="text" name="name"/></p>
18      <p>留言: <textarea name="comment" ></textarea></p>
19        <input type="submit" value="提交"/>
20    </form>
21    <p>
22      <hr/>
23      <span id="new-comment"></span>
24      <span id="comment-list"></span>
25    </p>
26  </body>
27  </html>
```

可以看到，加入的这段 JavaScript 代码中的$(function() {})说明在页面加载完成后程序会执行里面的代码，分为以下两方面。

- 使用 jQuery 的 load()函数调用 guestbook-list.aspx，并在$("#comment-list")中插入 comment-list.aspx 文件返回的留言列表。
- 使用 jQuery Form 插件的 ajaxForm()方法，将普通的表单改为用 AJAX 方式提交的表单。这个方法的参数是一个 options 对象。在指定调用完成以后，如何处理返回结果？在这里，简单地把返回的 response 字符串插入 span#new-comment 就可以了。这个表单和普通的表单基本没有区别，只是改为了用 AJAX 方式提交。提交表单后，效果如图 10.2 所示。

图 10.2 改为用 AJAX 方式提交表单的网页留言本

< 181 >

注意，在 span#new-comment 中插入一条新留言的时候，不能使用 html()方法，而要使用 prepend()方法，html()会把 span#new-comment 中的内容清空，然后插入新留言，而 prepend()方法则不会清空内容，而是会直接将留言插入最前面。

从图 10.2 中可以看到，提交成功以后，最新的留言内容仍保留在表单中，这是没有刷新整个页面而导致的。因此可以再稍微完善一下。插入新留言之后，调用 jQuery Form 插件提供的重置值方法resetForm()，把表单重置为最初的状态。JavaScript 部分的完整代码如下所示：

```
1  <script>
2    $(function() {
3      $("#comment-list").load("comment-list.aspx");
4      $('#comment-form').ajaxForm({success: function(response){
5        $("#new-comment").prepend(response);
6        $('#comment-form').resetForm();
7      }});
8    });
9  </script>
```

10.3 对表单数据进行验证

现在观察图 10.3，可以发现目前这个留言本还有以下两个问题。

- 如果用户没有填写姓名和留言内容，直接单击"提交"按钮，则会在留言列表中出现空白的留言。我们希望用户不能提交空白的留言。
- 如果有人输入了<script>这样的代码，则是很危险的，应该禁止这样的内容被输入。

图 10.3 需要进行数据验证的表单

这就涉及关于表单的一个重要内容——数据验证。在提交数据给服务器之前，应该确保数据是有效的、安全的。例如，如果一个表单中提交的某一项是电话号码，那么我们就应验证它是否符合电话号码的格式，只有符合该格式才能被提交。

< 182 >

具体代码如下，增加了一个 beforeSubmit 选项，它是一个函数，参数就是所有的表单项。在这个函数中，须进行以下两个判断。

- 判断是否存在包含"<"的表单项，如果存在，则用 alert()方式给出警告，然后返回 false，取消这次提交操作。
- 判断是否存在为空字符串的表单项，如果存在，则用 alert()方式给出警告，然后返回 false，取消这次提交操作。

```
1    <script>
2      $(function() {
3        $("#comment-list").load("comment-list.aspx");
4        $('#comment-form').ajaxForm({
5          success: function(response){
6            $("#new-comment").prepend(response);
7            $('#comment-form').resetForm();
8          },
9          beforeSubmit: function(param){
10           if(param.some(item => item.value.includes("<"))){
11           alert('姓名和留言内容中不能包含"<"字符');
12           return false;
13           }
14           if(param.some(item => item.value.trim()==="")){
15             alert('姓名和留言内容不能为空');
16             return false;
17           }
18         }
19       });
20     });
21   </script>
```

修改代码之后，实现的效果如图 10.4 所示。

图 10.4　对表单数据进行验证

关于这个实例，还有以下几点需要注意。

- 在上面的判断语句中，使用了数组的 some()方法，意思是对这个数组的所有元素调用后面参数所传入的函数，如果存在某些元素调用该函数后返回 false，那么返回 false。与 some()类似的还有 every()，该方法用于判断一个数组的所有元素是否都满足某个条件。

< 183 >

- 数据的安全验证是非常重要的，而且不能只进行客户端验证，而必须要进行客户端和服务器端的双重验证，即服务器端程序读入数据以后，在做实际处理之前，一定要验证数据的安全性，因为任何客户端输入的数据都是不可靠的。
- 本例中只用了非常简单的数据验证方法，实际工作中遇到的表单可能会非常复杂，特别是一些企业应用中，表单中的项目数量多、逻辑复杂，对此可以应用专门用于表单数据验证的 jQuery 插件，以降低手动开发的复杂度。

实例文件请参考本书配套的资源文件：第 10 章\ajax-guestbook\guestbook.html、comment.aspx、comment-list.aspx。

本章小结

本章举了一个前后端配合的综合实例。本例中的前后端逻辑都非常简单，目的是给读者演示在一个真正的网站中前后端是如何配合的，但由于做了大幅度的简化，其并不能完全真实地反映实际工作中用户可能会遇到的场景。希望读者能够寻找一些实例和场景，通过自己的摸索来掌握好相关的知识点。

< 184 >

第11章

综合实例二：网络相册

当你出去旅游并拍了很多精美照片希望放在网上与朋友分享时，当新闻工作者、摄影家拍了许多作品希望放到网上时，网络相册必不可少。而且随着数码产品的普及，越来越多的人拥有了自己的网络相册。本章以一个网络相册为例，综合介绍其整个页面的制作方法。本章思维导图如下。

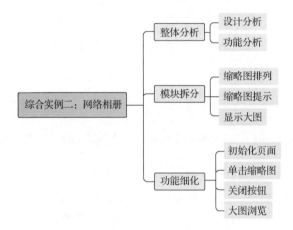

案例讲解

11.1 整体分析

网络相册通常会以缩略图的形式展现所有的图片，当单击某幅缩略图时会弹出大图的浏览框。在大图浏览状态下也可以进行图片的逐一浏览。本章实例的最终效果如图 11.1 所示。

图 11.1 网络相册

（1）设计分析。

网络相册以清晰地显示图片为首要目的，而通常图片本身尺寸不一，主要有水平的和竖直的两种。可以采用正方块作为背景，将所有缩略图进行排列。当单击某幅缩略图时，在整个页面的中间弹出对话框来显示大图。要合理运用透明技巧，以给用户带来新颖的体验。

（2）功能分析。

在功能上主要考虑使用户使用方便。在缩略图浏览状态下，当用户将鼠标指针滑过缩略图时给予高亮提示；在大图浏览状态下，主要考虑能够根据用户的单击操作来显示上一幅图片和下一幅图片，并考虑水平图片与竖直图片的区别，以此来调整图片的位置。

11.2 模块拆分

对整个页面的设计以及功能有了很好的把握后，需要对各个模块进行拆分，并进行分别设计与制作，最后将它们组合成整个网络相册。

11.2.1 缩略图排列

通常网络相册的图片数量是不固定的，因此将缩略图分别放入不同的<div>块，然后统一设置<div>块的排列。HTML 结构如下所示：

```
1    <div>
2        <a href="photo/1.jpg"><img src="photo/thumb/1.jpg"></a>
3    </div>
4    ......
5    <div>
6        <a href="photo/12.jpg"><img src="photo/thumb/12.jpg"></a>
7    </div>
```

考虑到图片的统一命名方式，因此可以用 jQuery 直接生成所有图片对应的代码，而不需要手动输入代码，如下所示。这里使用了一个全局变量 iPicNum 来记录图片的数量，这样做是为了能够灵活地添加、删除图片。此外，还定义了两个函数 getPhotoSrc()和 getPhotoThumbSrc()来获取大图地址和缩略图地址。

```
1    <script src="jquery-3.6.0.min.js"></script>
2    <script>
3    let iPicNum = 12; //图片总数量
4      let getPhotoSrc = function(num) {
5        return "photo/" + num.toString() + ".jpg";
6      }
7      let getPhotoThumbSrc = function(num) {
8        return "photo/thumb/" + num.toString() + ".jpg";
9      }
10     $(function(){
11      //添加图片的缩略图
12      for(let i = 1; i <= iPicNum; i++) {
13        let html = "<div class='thumb'>"
14        +"<a href='#'><img src='" + getPhotoThumbSrc(i) +"'></a></div>";
15        $(document.body).append($(html));
```

< 186 >

```
16        }
17   })
18   </script>
```

让所有图片的<div>块向左浮动，自动根据页面大小进行排版，对应的 CSS 样式代码如下所示：

```
1   body {
2        margin: 0.8em;
3        padding: 0px;
4   }
5   div.thumb {
6        float: left;                    /* 向左浮动 */
7        height: 160px; width:160px;     /* 每幅图片块的大小 */
8        margin: 6px;
9        padding: 0px;
10  }
11  div.thumb img {
12       border: 1px solid #82c3ff;
13  }
```

此时页面显示效果如图 11.2 所示。

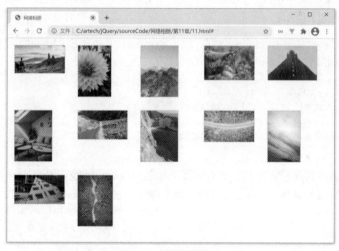

图 11.2　缩略图排列

考虑到要使页面美观、大方，因此给每一幅缩略图都添加一个背景，并根据水平图片和竖直图片制作两种不同的背景，如图 11.3 所示。

图 11.3　缩略图的背景

在 CSS 中编写两个样式类，分别用于这两种缩略图，代码如下所示：

< 187 >

```
1    div.ls{
2        background:url(framels.jpg) no-repeat center;      /* 水平图片的背景 */
3    }
4    div.pt{
5        background:url(framept.jpg) no-repeat center;      /* 竖直图片的背景 */
6    }
7    div img{
8        margin:0px;
9        max-width:100%; max-height:100%;
10   }
11   div a{
12       display:flex;
13       width: 100%;
14       height: 100%;
15       max-width: 100%;
16       max-height: 100%;
17       align-items: center;
18       justify-content: center;
19   }
```

在 jQuery 中通过 JavaScript 代码获取每一幅缩略图的长度、宽度，然后根据长度与宽度的比例运用不同的样式，代码如下所示：

```
1    //图片加载完成后，根据图片长度与宽度的比例（水平图片或者竖直图片）运用不同的样式
2    $(".thumb img").on("load", function() {
3      let $this = $(this);
4      if($this[0].width > $this[0].height)
5        $this.parents('.thumb').addClass("ls");
6      else
7        $this.parents('.thumb').addClass("pt");
8    })
```

通过图片的 load 事件来设置样式，只有当图片加载完成后，才能获得图片的实际长度、宽度。此时页面的显示效果如图 11.4 所示，可以看到缩略图排列得十分整齐、美观。

图 11.4　缩略图排列

< 188 >

11.2.2 缩略图提示

考虑到用户浏览时的体验，当鼠标指针经过某幅缩略图时应当给予高亮提示。根据缩略图的背景，制作大小相同、颜色为天蓝色的两幅图片，如图 11.5 所示。

图 11.5　高亮提示的图片

并且在 CSS 中为包含缩略图的<a>标记添加 hover 伪类，代码如下所示：

```
1   div.ls a:hover{                         /* 鼠标指针经过时修改背景图片 */
2       background:url(framels_hover.jpg) no-repeat center;
3   }
4   div.pt a:hover{
5       background:url(framept_hover.jpg) no-repeat center;
6   }
```

这样便通过变换背景图片实现了高亮提示的效果，如图 11.6 所示。

图 11.6　缩略图高亮提示

11.2.3 显示大图

用户单击缩略图时会显示相应的大图。考虑到页面空间的局限性以及整体页面的友好性，将大图放在一个<div>块中，然后采用绝对定位的方式将其置于页面的上方。相应的 HTML 代码如下所示：

```
1   <div id="showPhoto">                    <!-- 显示大图 -->
2       <img src="close.jpg" id="close">    <!-- 页面中的关闭按钮 -->
3       <div id="showPic"><img></div>
4       <div id="bgblack"></div>            <!-- 用来显示透明的黑色背景 -->
5   </div>
```

< 189 >

这里将大图<img>放在<div id="showPic">块中，主要是考虑到图片有水平、竖直方向的区别，因此采用正方形的<div>块来控制比较方便，这与缩略图都置于正方形的<div>块中是一样的道理。另外<img>标记中没有设置图片的地址，这是因为大图的地址是根据缩略图的地址而得来的，需要动态获得。对应的 CSS 代码如下所示：

```
1    #showPhoto{
2        position:absolute;
3        width:620px; height:570px;
4        z-index:200;
5    }
6    #showPhoto img#close{
7        position:absolute;
8        right:10px; top:10px;
9        cursor:pointer;
10       z-index:2;
11   }
12   #showPic{
13       width:454px; height:454px;      /* 正方形的块 */
14       position:absolute;
15       left:81px; top:40px;
16       display: flex;
17       align-items: center;
18       justify-content: center;
19   }
20   #bgblack{
21       width:620px; height:570px;
22       position:absolute;
23       left:0px; top:0px;
24       background:#000000;
25       z-index:-1;
26   }
27   #showPic img{
28       padding:1px; border:1px solid #FFFFFF;
29       z-index:1; position:relative;
30       max-width: 100%; max-height: 100%;
31   }
```

此时页面效果如图 11.7 所示。

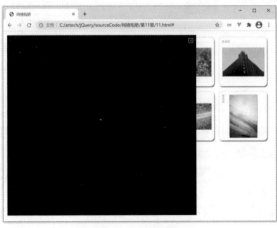

图 11.7　大图页面

< 190 >

11.3   功能细化

在页面的各个元素都被布置妥当后，便需要与用户进行交互，这里主要包括单击缩略图弹出大图窗口，以及在大图浏览状态下的浏览操作。

11.3.1   初始化页面

初始化页面时，大图页面是隐藏的，只有当用户单击时其才会显示。另外还需要将显示大图的黑色块的背景设置为透明的，相应的 jQuery 代码如下所示：

```
1   $("#showPhoto").hide();                    //初始化页面时不显示大图
2   $("#bgblack").css("opacity",0.9);          //将显示大图的黑色块的背景设置为透明的
```

> **注意**
>
> 这里可以使用 CSS 来进行设置。给#showPhoto 元素加上样式 display:none，给#bgblack 元素加上样式 opacity:0.9。

11.3.2   单击缩略图

当用户单击缩略图时弹出大图窗口，并且考虑到不同用户的浏览器窗口大小不同，可利用 window 对象来动态控制大图的位置，使其永远居中，代码如下所示：

```
1   $("div a:has(img)").click(function(){
2   //单击缩略图时弹出大图窗口
3   $("#showPhoto").css({   //大图的位置根据窗口来设置
4     "left":($(window).width()/2-300>20?$(window).width()/2-300:20),
5     "top":($(window).height()/2-270>30?$(window).height()/2-270:30)
6   }).add("#showPic").fadeIn(400);
7   });
```

此时页面效果如图 11.8 所示。

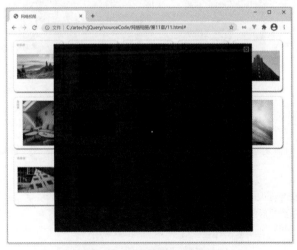

图 11.8   单击缩略图弹出大图窗口

< 191 >

这时便可以根据用户单击的图片来设置大图的地址了，另外还需要根据图片是水平的还是竖直的来调整大图的位置，代码如下所示：

```
1    //单击缩略图时弹出大图窗口
2    $("div a:has(img)").click(function(){
3      //大图的位置根据窗口大小来设置
4      $("#showPhoto").css({
5        "left":($(window).width()/2-300>20?$(window).width()/2-300:20),
6        "top":($(window).height()/2-270>30?$(window).height()/2-270:30)
7      }).add("#showPic").fadeIn(400);
8
9      //根据缩略图的地址，获取相应的大图地址
10     let src = $(this).find("img").attr("src");
11     let name = src.substring(src.lastIndexOf("/")+1, src.lastIndexOf(".jpg"));
12     let num = parseInt(name);
13     $("#showPic").find("img").attr("src", getPhotoSrc(num));
14   });
```

在进行缩略图排列时已经分析过所有图片是水平图片还是竖直图片，因此只需要根据当时设置的CSS 样式（ls 或者 pt）便可以轻松获得相关信息，而不需要再通过图片本身来判断，此时显示效果如图 11.9 所示。

图 11.9 根据缩略图显示大图

11.3.3 关闭按钮

在大图页面的右上角还有一个关闭按钮，用来隐藏整个大图页面。实现该按钮须添加相应的单击事件，代码如下所示：

```
1    $("#close").click(function(){
2      //单击按钮则关闭大图页面（采用动画）
3      $("#showPhoto").add("#showPic").fadeOut(400);
4    });
```

< 192 >

11.3.4　大图浏览

用户打开大图之后，往往希望能够一直浏览大图，而不是通过关闭大图窗口来再次单击不同的缩略图以浏览大图。因此可以在大图窗口中添加"上一幅""下一幅"的链接，HTML 代码如下所示：

```
1  <div id="showPhoto">  <!-- 显示大图 -->
2    ……
3    <div id="navigator">
4      <span id="prev"><< 上一幅</span><span id="next">下一幅 >></span>
5    </div>
6  </div>
```

在 CSS 中仍然采用绝对定位来控制这两个链接的位置，如下所示：

```
1  #navigator{
2      position:absolute;
3      z-index:3; color:#FFFFFF;
4      cursor:pointer;
5      bottom:40px; left:50%; margin-left: -93px;
6      font-size:12px;
7      font-family:Arial, Helvetica, sans-serif;
8  }
9  #navigator span{
10     padding:20px;
11 }
```

此时页面的显示效果如图 11.10 所示。

图 11.10　"上一幅""下一幅"

为这两个链接添加相应的 jQuery 事件，同样需要根据水平图片或竖直图片来调整相应的显示位置。考虑到上一幅图和下一幅图都是通过图片的顺序号来改变图片地址的，因此也可以使用相同的方法来改变当前图片的地址，如下所示：

< 193 >

```
1    //单击"上一幅"
2    $("#prev").click(function(){ changePic(false); });
3    //单击"下一幅"
4    $("#next").click(function(){ changePic(true); });
5    let changePic = function(next){
6      let src = $("#showPic").find("img").attr("src");
7      //当前图片的顺序号
8      let name = src.substring(src.lastIndexOf("/")+1, src.lastIndexOf(".jpg"))
9      let currentNum = parseInt(name);
10     let num = currentNum;
11     if(next) {
12       num = (currentNum == iPicNum)?1:(currentNum+1);
13     } else {
14       num = (currentNum == 1)?iPicNum:(currentNum-1);
15     }
16     $("#showPic").find("img").attr("src", getPhotoSrc(num));
17   };
```

这里还要注意一些边界条件，例如第一幅图的上一幅图是最后一幅图，最后一幅图的下一幅图是第一幅图。这样单击这两个链接便可以在大图浏览状态下查看所有图片了，如图 11.11 所示。

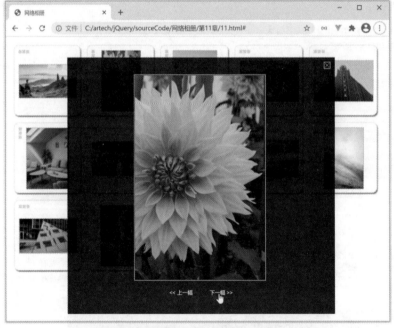

图 11.11　在大图浏览状态下查看所有图片

另外，很多时候用户喜欢直接在大图上单击，而且通常会设置单击即浏览下一幅图。这里只需要利用 jQuery 的触发事件功能，当用户单击大图时触发"下一幅"的相应事件即可，而不再需要重复编写代码，代码如下所示：

```
1    $("#showPic").find("img").click(function(){
2        $("#next").click();
3    });
```

这样单击大图时便可以轻松浏览下一幅图了，如图 11.12 所示。

< 194 >

图 11.12　单击大图浏览下一幅图

　　至此，我们完成了网络相册的制作。当整个页面制作完成后通常还需要进行相关的测试，以发现可能存在的问题，例如通过修改图片的数量（即修改 iPicNum 的值）来实现多加一些图片；在各种浏览器中测试所制作的网络相册等。本章实例文件请参考本书配套的资源文件：第 11 章\11.html 和 11.css。

本章小结

　　本章综合运用了 jQuery 的选择器以及操作 DOM 和事件的功能，逐步实现了一个网络相册。在制作网络相册的过程中，还运用到了 CSS 的定位来排列图片。这体现出了在网页开发中 HTML、CSS、JavaScript 是三位一体的，它们各司其职：HTML 负责"结构"，CSS 负责"表现"，JavaScript 负责"行为"。这非常有利于结构、表现、行为三者分离，更容易帮助开发者厘清开发思路，代码结构也会更加清晰、易懂且更容易修改、维护。

< 195 >

第12章 综合实例三：交互式流量套餐选择页面

随着人们生活水平的提高，移动网络逐渐成为人们生活中必不可少的一部分。使用移动网络就离不开流量套餐。本章通过一个流量套餐的实例，综合说明相关页面的制作方法。本章思维导图如下。

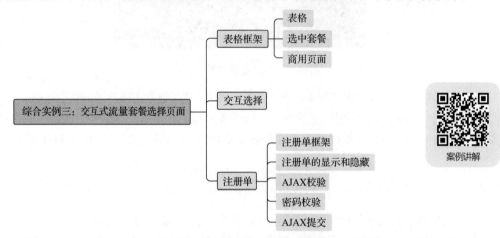

本章介绍的流量套餐的实例中有 3 个针对不同用户群体的流量套餐，每个套餐涉及的语音通话、短信、通用流量、专项流量和价格的内容都不同，通过明显的比对即可显示出它们之间的差异。用户可以根据自己的情况选择相应的套餐，选择后须提交申请，最终效果如图 12.1 所示。

图 12.1　流量套餐

12.1 表格框架

流量套餐的实现采用表格作为基础，并罗列其中的各个数据。在此基础上还会运用 CSS 样式以及 JS 文件来改善用户体验。

12.1.1 表格

整个页面的 HTML 表格框架如下所示：

```
1    <table>
2      <thead>
3        <tr>
4          <th> </th>
5          <th><span>经典套餐</span></th>
6          <th><span>人套餐</span></th>
7          <th><span>者套餐</span></th>
8        </tr>
9      </thead>
10     <tfoot>
11       <tr>
12         <td> </td>
13         <td><span><a href="#">选择</a></span></td>
14         <td><span><a href="#">选择</a></span></td>
15         <td><span><a href="#">选择</a></span></td>
16       </tr>
17     </tfoot>
18     <tbody>
19       <tr>
20         <td>语音通话</td>
21         <td>100 分钟</td>
22         <td>200 分钟</td>
23         <td>300 分钟</td>
24       </tr>
25       <tr>
26         <td>短信</td>
27         <td>100 条</td>
28         <td>200 条</td>
29         <td>300 条</td>
30       </tr>
31       <tr>
32         <td>通用流量</td>
33         <td>10G</td>
34         <td>20G</td>
35         <td>30G</td>
36       </tr>
37       <tr>
38         <td>专项流量</td>
39         <td>100G</td>
```

< 197 >

```
40        <td>200G</td>
41        <td>300G</td>
42      </tr>
43      <tr>
44        <td>价格</td>
45        <td>￥100 元/月</td>
46        <td>￥200 元/月</td>
47        <td>￥300 元/月</td>
48      </tr>
49    </tbody>
50  </table>
```

此时页面的效果如图 12.2 所示。

图 12.2　表格框架

12.1.2　选择套餐

为了表示用户选择的套餐，用 jQuery 对某一列添加单独的类型 on，并为其设置相应的 CSS 样式，如下所示：

```
1   <script src="jquery-3.6.0-min.js"></script>
2   <script>
3     $(function(){
4       $("td:first-child, th:first-child").addClass("side");
5       $("td:nth-child(3), th:nth-child(3)").addClass("on");
6     })
7   </script>
8
9   .side {
10      text-align:right;
11      background:#d7d954;
12      font:bold 12px/15px verdana;
13  }
14  td {
15      text-align:center;
16      background:#aaa;
17  }
18  td.on {background:#852d2d;}
19  th.on {background:#852d2d;}
```

由于采用了 jQuery 强大的选择器，因此不需要为按列操作表格而烦恼，此时页面的显示效果如图 12.3 所示。

< 198 >

图 12.3 选择套餐

12.1.3 商用页面

考虑到真实页面的商用性，因此对上述页面采用 CSS 进行彻底美化，主要是调整间距和对齐方式，并且突出所选择的套餐。相应的 CSS 代码如下所示：

```
1    body {
2      font-family: Verdana, Arial, Helvetica, sans-serif;
3      font-size: 12px;
4    }
5
6    table {
7      border-collapse: collapse;
8      margin-top: 50px;
9    }
10
11   .side {
12     text-align:right;
13     background-image: linear-gradient(#d7d954, #e9eb5f);
14     width: 150px;
15     padding-right: 10px;
16     color: #6e6f37;
17     border-right: 1px solid #fff;
18     height: 40px;
19     font-weight: bold;
20   }
21
22   thead tr {
23     border-bottom: 1px solid #fff;
24   }
25
26   tbody tr .side {
27     border-bottom: 1px solid #b3b442;
28   }
29
30   td {
31     text-align:center;
32     width: 108px;
33     background-image: linear-gradient(#7b7b7b, #8a8a8a);
34     color: #fff;
35     font-weight: bold;
36     border-right: 1px solid #fff;
```

< 199 >

```
37   }
38
39   tbody tr td:not(:nth-child(1)) {
40     border-bottom: 1px solid #767676;
41   }
42
43   th {
44     width: 108px;
45     border-right: 1px solid #fff;
46     vertical-align: bottom;
47     font-size: 18px;
48     background-image: linear-gradient(#7b7b7b, #8a8a8a);
49     color: #fff;
50   }
51
52   td.on,
53   th.on {
54     width: 148px;
55     background-image:linear-gradient(#852d2d, #913232);
56     color: #fff;
57     font-weight: bold;
58     border-bottom: 1px solid #852d2d !important;
59   }
60
61   th.on {
62     color: #fff600;
63     position: relative;
64   }
65
66   tfoot td.on {
67     position: relative;
68   }
69
70   th.on span,
71   tfoot td.on span {
72     display: block;
73     height: 30px;
74     position: absolute;
75     top: 0;
76     left: 0;
77     background-image: linear-gradient(#852d2d, #913232);
78     width: 150px;
79   }
80
81   th.on span {
82     top: -18px;
83     border-radius: 10px 10px 0 0;
84     box-shadow: -1px -2px 10px #6f6464;
85     padding-top: 28px;
86     height: 30px;
87   }
88
89   tfoot td.on span {
90     border-radius: 0 0 10px 10px;
91     box-shadow: 1px 2px 10px #6f6464;
92     height: 40px;
```

< 200 >

```
93      padding-top: 20px;
94   }
95
96   tfoot td a {
97      width: 70px;
98      height: 18px;
99      border: 1px solid #4a4545;
100     color: #720003;
101     background-image: linear-gradient(#dcdd6b, #b7b93b);
102     display: inline-block;
103     text-decoration: none;
104     border-radius: 4px;
105  }
```

此时页面效果如图 12.4 所示。

图 12.4　商用页面

12.2　交互选择

制作好页面后需要为套餐添加交互的动作。当用户单击不同栏的"选择"按钮时，需要将该按钮所在的列的样式设置为突出，而其他列的样式则设置为普通。

采用 jQuery 的选择器，可以很轻松地实现按列选择，从而可以方便地修改样式，代码如下所示：

```
1   $("td a").click(function(){
2       //单击"选择"按钮，获取该按钮所在的列的列号
3       let iNum = $(this).parents("tr").find("td")
4           .index($(this).parent().parent()[0])+1;
5       $("td, th").removeClass("on");
6       $("td:nth-child("+iNum+"), th:nth-child("+iNum+")")
7           .addClass("on").show();
8   });
```

以上代码首先获取被单击的按钮所在的列的列号，然后将其他列的 on 样式删除，并为该列添加

< 201 >

on 样式，运行结果如图 12.5 所示。

图 12.5　交互选择

12.3 注册单

当用户选择了某一个套餐后，接下来自然是希望用户能够填写注册单并进行购买。注册单采用表单的形式，并且配合 AJAX 进行校验和提交。

12.3.1 注册单框架

注册单采用表单的框架结构，包括用户名文本框、密码文本框、密码确认文本框、"提交"按钮和"取消"按钮，并且它们都位于一个<div>块中，以便进行统一处理，代码如下所示：

```
1    <div id="formcontainer">
2      <h2>申请注册</h2>
3      <div id="result">
4      <form id="myForm" action="result.aspx">
5        <fieldset>
6          <label for="email" class="email">
7            用户名:<br><input id="email" name="email" type="text">
8            <span id="userOk"><img src="UserOk.png"></span>
9            <span id="userNot"><img src="UserNot.png"></span>
10         </label>
11         <label for="crazypassword" class="password">
12           密码:<br><input id="password1" name="password1" type="password">
13         </label>
14         <label for="retype" class="retype">
15           密码确认:<br><input id="password2" name="password2" type="password">
16           <span id="pwdOk"><img src="UserOk.png"></span>
17           <span id="pwdNot"><img src="UserNot.png"></span>
```

< 202 >

```
18        </label>
19      </fieldset>
20      <fieldset class="buttons">
21        <input type="image" src="button_submit.gif">
22        <input type="image" src="button_cancel.gif">
23      </fieldset>
24    </form>
25    </div>
26  </div>
```

添加与表格相配合的 CSS 样式，如下所示：

```
1   #formcontainer{
2       width:443px; height:239px;
3       background:#717171;
4       padding:0px; margin:0px;
5   }
6   #formcontainer form{
7       padding:8px 10px;
8       margin:0px;
9   }
10  #formcontainer h2{
11      margin:0px;
12      padding:14px 0px 4px 10px;
13      font-size:15px;
14      color:#fff;
15      border-bottom: 1px solid #fff;
16  }
17  #formcontainer fieldset{
18      border:none;
19      padding:0px;
20  }
21  #formcontainer label{
22      display:block;
23      font-size:12px;
24      font-family:Verdana;
25      color:#fff;
26      padding:8px 0px 0px 10px;
27  }
28  #formcontainer label.email{
29      width:350px;
30  }
31  #formcontainer label input{
32      width:300px;
33      border:1px solid #fff;
34      background-color:#909090;
35      color:#fff;
36      font-size:12px;
37      font-family:Arial, Helvetica, sans-serif;
38  }
39  #formcontainer fieldset.buttons{
40      padding:25px 0px 0px 260px;
41  }
42  #formcontainer span{
43      margin:0px 0px 0px 2px;
44      width:20px; padding:0px;
```

< 203 >

```
45      display:none;
46      height:20px; position:relative;
47      vertical-align:top;
48  }
49  #formcontainer span img{
50      position:absolute;
51      top:0px; left:0px;
52  }
```

此时页面显示效果如图 12.6 所示。

图 12.6　注册单框架

12.3.2　注册单的显示和隐藏

在用户没有选择相应的套餐前，注册单是不应该显示的。而当用户选择了某个套餐后，则应当显示注册单，并且应将表格中其他无关的数据隐藏。图 12.7 所示为选择"达人套餐"时的效果。

图 12.7　选择"达人套餐"

< 204 >

首先在页面中添加大的<div>块，然后将注册单所在的<div>块运用 CSS 的绝对定位，移动到表格上方合适的位置，修改代码如下：

```
1    <body>
2    <div id="prices">
3      <div id="formcontainer">
4        ......
5      </div>
6      <table>
7        ......
8      </table>
9    </div>
```

新增样式代码如下：

```
1    #prices{
2        position:relative;
3    }
4    #formcontainer{
5        width:443px; height:239px;
6        background:#717171;
7        position:absolute;      /* 绝对定位 */
8        padding:0px; margin:0px;
9        top:10px; left:312px;
10       z-index:1;
11   }
```

此时页面效果如图 12.8 所示。

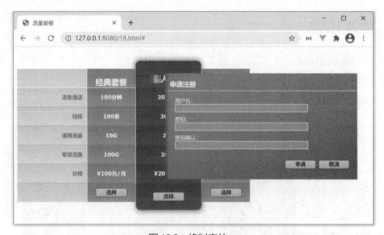

图 12.8　绝对定位

页面加载时注册单并不显示，而当用户选择了某个套餐后，则应将其他套餐信息隐藏，然后显示该注册单。仍然使用 jQuery 的选择器来实现表格的按列操作，修改前面关于单击"选择"按钮的代码，如下所示：

```
1    $("td a").click(function(){
2        //单击"选择"按钮，获取该按钮所在的列的列号
3        let iNum = $(this).parents("tr").find("td")
4            .index($(this).parent().parent()[0])+1;
5        //除了最左边的"容量""百兆附件"列，其余的列全部去掉 on 属性，然后隐藏
```

< 205 >

```
6       $("td:not(:first-child), th:not(:first-child)")
7           .removeClass("on").hide();
8       //显示用户选择的那一列，同时显示注册单
9       $("td:nth-child("+iNum+"), th:nth-child("+iNum+")")
10          .addClass("on").show();
11      $("#formcontainer").show();
12   });
13   $("#formcontainer").hide();
```

此时选择"经典套餐"的页面效果如图 12.9 所示。

图 12.9　选择"经典套餐"的页面效果

12.3.3　AJAX 校验

当用户选择了套餐后便可以开始填写注册单，这里全部采用 AJAX 交互的方式，其中涉及的方法与 AJAX 章节和网络留言本案例中介绍的相关方法基本相同。

首先是对用户名的校验，如果输入的用户名已经被占用，则提示不能注册，如图 12.10 所示。

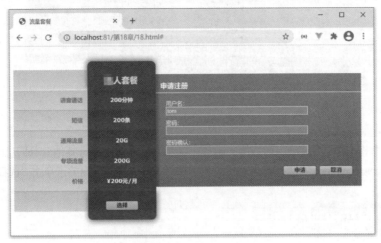

图 12.10　用户名被占用

这里采用的是输入框的 onblur 方法来触发异步校验，相关代码如下所示，该方法与 AJAX 章节中

< 206 >

所介绍的相关方法类似，故不再讲解。

```
1    用户名:<br>
2    <input id="email" name="email" type="text" onblur="CheckUser(this)">
3
4    function CheckUser(oInput){
5        //首先判断是否有输入，如果没有输入则直接返回结果
6        if(!oInput.value)
7            return;
8        $.get("12.aspx",{user:oInput.value.toLowerCase()},
9            //用 jQuery 来获取异步数据
10           function(data){
11               if(data == "0"){
12                   $("#userNot").show();
13                   $("#userOk").hide();
14                   $(".buttons span:eq(0)").attr("disabled",true);
15               }
16               else{
17                   $("#userNot").hide();
18                   $("#userOk").show();
19                   $(".buttons span:eq(0)").attr("disabled",false);
20               }
21           }
22       );
23   }
```

对应的后端代码如下：

```
1    <%@ Page Language="C#" ContentType="text/html" ResponseEncoding="gb2312" %>
2    <%@ Import Namespace="System.Data" %>
3    <%
4      Response.CacheControl = "no-cache";
5      Response.AddHeader("Pragma", "no-cache");
6
7      if(Request["user"]=="tom")
8        Response.Write("0");
9      else
10       Response.Write("1");
11   %>
```

当输入的用户名没有被占用时方可进行注册，校验用户名效果如图 12.11 所示。

图 12.11　校验用户名效果

< 207 >

12.3.4 密码校验

对于拥有两个与密码相关的文本框的表单来说，通常还需要对这两个文本框中输入的密码是否一致进行校验。这里直接在本地进行校验即可，且仍然采用 onblur() 方法来触发校验，如下所示：

```
1   密码确认:<br>
2   <input id="password2" name="password2" type="password" onblur="CheckPwd">
3   function CheckPwd(){
4       if($("#password1").val() != $("#password2").val()){
5           $("#pwdNot").show();
6           $("#pwdOk").hide();
7           $(".buttons span:eq(0)").attr("disabled",true);
8       }
9       else{
10          $("#pwdNot").hide();
11          $("#pwdOk").show();
12          $(".buttons span:eq(0)").attr("disabled",false);
13      }
14  }
```

当两个文本框中输入的密码不一致时系统会提示错误，如图 12.12 所示。

图 12.12　密码校验

很多时候还需要对密码本身进行校验，例如密码位数是否符合要求、密码强度是否符合要求等。这里不介绍相关内容，读者可对它们自行进行实验。

注意

一般在实际项目中，前后端都需要对用户的输入进行校验，而不能只在前端进行校验，因为非法用户很容易绕过前端的校验，而直接将非法数据发送到后端。

12.3.5 AJAX 提交

表单提交同样采用 AJAX 方式，这样可以避免页面的整体刷新，而只须更新注册单中的局部内容。这里使用 jQuery.form 插件的 ajaxSubmit() 方法，将普通的表单改为采用 AJAX 方式提交的表单，代码

< 208 >

如下：

```
1   <form id="myForm" action="result.aspx">
2      ……
3   </form>
4   #formcontainer p{
5     color:#FFFF66;
6     margin:0px;
7     padding:30px;
8   }
9   <script src="jquery.form.js"></script>
10  $(".buttons span:eq(0)").click(function(){
11     let myOptions = {
12         target: "#result"
13     };
14     $("#myForm").ajaxSubmit(myOptions);
15     return false;        //避免浏览器的默认提交
16  });
```

对应的后端代码如下：

```
1   <%@ Page Language="C#" ContentType="text/html" ResponseEncoding="gb2312" %>
2   <%@ Import Namespace="System.Data" %>
3   <%
4       Response.CacheControl = "no-cache";
5       Response.AddHeader("Pragma","no-cache");
6
7       string back = "";
8       back += "<p>用户"+Request["email"]+"申请成功</p>";
9       Response.Write(back);
10  %>
```

页面效果如图 12.13 所示。

图 12.13　AJAX 提交

　　整个页面制作完成后，通常还需要对全局的功能进行检查，例如检查浏览器的兼容性、各个按钮对应的不同顺序的单击效果是否正常等。实例文件请参考本书配套的资源文件：第 12 章\12.html、12.css、12.aspx 和 result.aspx。

< 209 >

本章小结

　　本章介绍的这种套餐价格以及各种参数对比的形式是一般网站所常用的。此外，本章还结合表单的 AJAX 校验和提交，介绍了如何制作一个完整的流量套餐选择页面。从本书的案例中可以看出，利用 jQuery 操作 DOM、处理事件以及 AJAX 等在网页开发中使用很频繁，且使用起来也非常灵活。希望读者可以多加练习，熟练掌握和运用相关知识。

< 210 >

第13章 综合实例四：网页图片剪裁器

大家经常会遇到需要剪裁图片的情况。在各种设备上安装有各种软件，比如台式计算机上的 Photoshop 等，可以用来剪裁图片。在网页中也经常会遇到需要对图片进行剪裁的情况，比如很多网站需要用户上传图片来生成头像，这时如果能够让用户对图片进行剪裁就会非常方便，可以避免必须用软件剪裁好之后才能上传；再如对于一些摄影网站给用户提供的上传作品的功能，让用户能对图片进行剪裁以获取更好的构图效果就是非常重要的功能。

当然，对于剪裁图片如此常用的功能，肯定会有现成的 jQuery 插件来实现它。本章介绍综合运用 jQuery 的相关功能（且不使用插件）来制作一个网页图片剪裁器。本章思维导图如下。

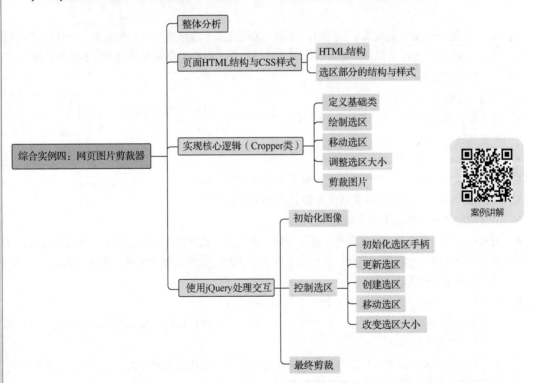

单击图片剪裁器页面中的"选择文件"按钮，载入一张图片，用鼠标拖曳创建选区，然后移动选区，并拖曳选区周围的小方块手柄以调整选区的大小。选区确定后，按 Enter 键，确定剪裁的结果；可以多次确定选区和进行剪裁，以产生多个剪裁后的小图片，它们会依次从左向右排列，最终运行结果如图 13.1 所示。

图 13.1　网页图片剪裁器

13.1　整体分析

当产生一个想法或希望实现某个功能时，在动手编码之前，应该先具体分析需求，列出需要实现的功能。本实例的网页图片剪裁器须满足的需求虽然很简单，但细想会发现有不少需要注意的地方。

用户的使用场景及需求如下。

- 选取一张图片用于剪裁。
- 选取要剪裁的图片区域，即设定一个矩形选区。
- 调整选区的位置。
- 调整选区的大小。
- 确定选区后，按 Enter 键，在页面上会显示剪裁出的新图片。

针对具体的场景，可将上述需求转化为如下具体的开发需求。

- 用户所有的操作都在网页上完成。
- 浏览器页面顶部显示一个"选择文件"按钮，用于用户选择图片，同时显示一些图片信息，包括图片的实际尺寸和显示尺寸；当实际宽度大于 500 像素时，显示宽度为 500 像素。
- 显示用户选择的图片。
- 选区操作比较复杂，可以细化为如下几点。
  - ◆ 创建选区：通过拖曳鼠标后出现选区，并且随着鼠标指针的移动而改变选区形状，释放鼠标后确定选区形状。
  - ◆ 改变选区大小：可以从各个方向改变选区的大小。在选区周围提供 8 个手柄，用鼠标指针拖曳这 8 个手柄可实现调整选区的大小。
  - ◆ 移动选区：可用鼠标指针拖曳选区来实现移动选区。
  - ◆ 约束条件：在改变选区大小和移动选区的时候，选区不能超出图片边界。
- 按 Enter 键，剪裁图片，并在原图下方显示剪裁出的新图片。

接下来，我们就一步一步地实现这些开发需求。

< 212 >

13.2　页面 HTML 结构和 CSS 样式

像其他实例一样，本实例也会先制作好页面、设定好样式，然后通过 JavaScript 和 jQuery 来实现一定的动态效果和功能。

当然，在动手编写 JavaScript 程序之前，应先把 HTML 结构和 CSS 样式弄清楚，这十分重要。如果不弄清楚这些基本内容，则无法编写程序。我们先来了解一下 HTML 结构。

13.2.1　HTML 结构

根据前面的需求分析可知，图片剪裁器的页面结构比较简单，主要是 3 个部分，顶部是选择图片区域，中间是图片剪裁区域，底部用于显示剪裁出的新图片。HTML 结构如下：

```
1   <body>
2   <p id="action">
3     <input type="file" id="file" name="file"/>
4     size:<span id="show-size"></span>
5   </p>
6   <div id="container">
7     <div id="image">
8       <img src="" border="0" id="front-image">
9       <img src="" border="0" id="back-image">
10    </div>
11    <div id="selection">
12      <span id="square-move">
13        <img src="middot.gif" border="0" style="cursor:move;">
14      </span>
15      <span id="square-nw" class="resize" data-v="n" data-h="w"></span>
16      <span id="square-n" class="resize" data-v="n" data-h=""></span>
17      <span id="square-ne" class="resize" data-v="n" data-h="e"></span>
18      <span id="square-w" class="resize" data-v="" data-h="w"></span>
19      <span id="square-e" class="resize" data-v="" data-h="e"></span>
20      <span id="square-sw" class="resize" data-v="s" data-h="w"></span>
21      <span id="square-s" class="resize" data-v="s" data-h=""></span>
22      <span id="square-se" class="resize" data-v="s" data-h="e"></span>
23    </div>
24  </div>
25  <p>设置选区后，请按 Enter 键来确定剪裁结果：</p>
26  <div id="result"></div>
27  </body>
```

可以看到，页面顶部区域是 p#action，包含一个 file 类型的<input>元素，用户单击它后可以选择图片，还包含　个<span>元素，用于显示图片尺寸信息。

接下来是图片剪裁区域，最外层是一个容器（div#container），里面包括两个<div>，第一个（div#image）用于放置被剪裁的原始图片，第二个（div#selection）用于形成选区。

div#image 中包括两个<img>元素（这里用到一个技巧）。可以从最终效果中看到，选区中的部分是清晰的，而选区之外的部分则颜色较浅，这可以用来明显地区分选区和非选区部分。

实现这个效果的关键就是两个<img>元素都显示同一张图片，图片大小完全相同，正好对齐叠在一起，并且把下层的图片设置为半透明的，即颜色较浅。设定好选区后，根据选区的范围，对上层正常

< 213 >

颜色的图片使用 CSS 的 clip 属性隐藏非选区部分，如此，非选区部分就露出了浅色的下层图片。这个方法很巧妙，读者可以使用本书配套资源中的最终页面进行实验，看看效果如何。

两个<img>元素的 src 属性一开始都为空，等到用户选择图片以后，才能动态载入。

通过 CSS 可使两张图片正好叠在一起，一个像素都不差。这里使用了 CSS 绝对定位的方法，具体的实现方法请读者参考本书配套资源中的源文件，这里不再详细介绍。对于这些 CSS 方法，暂时不理解也不影响 JavaScript 程序的编写。

13.2.2 选区部分的结构与样式

接下来介绍的重点是选区部分的结构与样式。通常图片剪裁器的选区会有边线，此外，一般在选区四周会有 8 个小方块手柄（上、下、左、右、左上、右上、左下、右下），可用鼠标指针拖曳。

这里先设定 div#selection，然后在其中嵌套所有的手柄，在 HTML 中的结构如下所示：

```
1   <div id="selection">
2     <span id="square-move">
3       <img src="middot.gif" border="0" style="cursor:move;">
4     </span>
5     <span id="square-nw" class="resize" data-v="n" data-h="w"></span>
6     <span id="square-n" class="resize" data-v="n" data-h=""></span>
7     <span id="square-ne" class="resize" data-v="n" data-h="e"></span>
8     <span id="square-w" class="resize" data-v="" data-h="w"></span>
9     <span id="square-e" class="resize" data-v="" data-h="e"></span>
10    <span id="square-sw" class="resize" data-v="s" data-h="w"></span>
11    <span id="square-s" class="resize" data-v="s" data-h=""></span>
12    <span id="square-se" class="resize" data-v="s" data-h="e"></span>
13  </div>
```

可以看到，一共有 9 个手柄，分为两种：

- 其中一个显示在选区正中，是一个圆圈；
- 另外 8 个围绕在图片的 4 条边上。需要特别注意的是，8 个用于改变选区大小的 resize 手柄有相同的类名 resize，以及各自的 id。

注意 id 的名称规律：square-后面接一个或两个字母，表示这个手柄的方位，n 表示北、s 表示南、w 表示西、e 表示东，它们表示的是 4 条边中点上的 4 个手柄；以此类推，nw、ne、sw、se 则分别表示西北、东北、西南、东南，代表位于 4 个角上的 4 个手柄。

这里为什么要用东、西、南、北，而不用上、下、左、右呢？这是因为后面我们还要根据这些字母来设置鼠标指针悬停到手柄上时鼠标指针的形状。CSS 中定义了用于改变选区大小的双箭头鼠标指针，如图 13.2 所示。图 13.2 中用的就是这些表示东、南、西、北的字母，我们和它们保持一致，后面就可以方便地在 JavaScript 中生成这些名称了。

图 13.2　CSS 中用于改变选区大小的双箭头鼠标指针

此外，还用了两个自定义属性 data-v 和 data-h，分别表示竖直方向上是哪个手柄，以及水平方向上

< 214 >

是哪个手柄，它们的值正好与 id 对应。例如 id="square-n"的手柄，data-v="n"，而 data-h 的值为空。但实际上，对于最终的手柄，还需要在<span>元素内部加入小方块图片，这样才能真正显示出手柄。由于 8 个手柄类似，我们就通过 JavaScript 来插入这些元素，而不再手动编写代码了。只保留选区中心的那个移动手柄，直接在 HTML 中写出里面的小圆圈手柄图片元素所对应的代码。

等页面载入浏览器以后，JavaScript 会自动插入手柄图片元素，然后 HTML 结构就会变成图 13.2 这样，可以看到每个手柄所对应的鼠标指针名称都是不一样的，因为拖曳的方向不同。例如 id="square-nw"的手柄，对应的鼠标指针名称正好就是 nw-resize，这样我们就可以在 JavaScript 中通过自定义属性拼接出这个名称。这就是上面指定这两个自定义属性的原因。

```
1   <span id="square-nw" class="resize" data-v="n" data-h="w">
2     <img src="dot.gif" style="cursor: nw-resize;">
3   </span>
```

最后实现的选区效果如图 13.3 所示。

图 13.3　选区效果

另外要预留出一个<div>用于之后显示剪裁出来的新图片，这一部分就不详细讲解了。

13.3　实现核心逻辑

下面介绍实现核心逻辑。首先要考虑把开发工作分为两部分。

- 与页面交互无关的逻辑，例如计算选区的坐标、判断选区是否出界等。
- 与页面交互相关的逻辑，例如监听鼠标移动或单击以及与键盘相关的事件等。

把业务逻辑层与 UI 层分离是非常重要的软件开发原则。无论用什么语言，无论是开发前端程序还是后端程序，都采用一样的原则。本节我们先考虑前者，即业务逻辑层。

13.3.1　定义基础类

容易想到，这个程序的核心是选区，它是矩形区域，相关的操作主要是创建矩形、判断矩形的位置以及判断矩形与其他对象的集合关系。因此不可避免地要和几何对象"打交道"。我们首先考虑创建一个矩形类。对于矩形，自然离不开基本的点的操作，因此我们分别创建表示点和矩形的两个类。

先创建几何点的类 Point，代码如下所示。它非常简单，只有两个数据成员，分别是 x 和 y 坐标值，以及两个方法。

- 考虑到在这个程序中经常需要以一个点为基准，通过偏移一定的距离而得到另一个点，为此我们编写一个 offsetPoint()方法，用于基于一个点（在水平和竖直方向分别偏移 dx 和 dy）而得到一个新的 Point 类型的对象。
- 另外，经常需要判断一个点是否在一个矩形区域内，为此我们编写一个 isInRect()方法。

```
1   class Point{
```

< 215 >

```
2    constructor(x, y){ this.x = x;  this.y = y; }
3
4    offsetPoint = (dx, dy) =>
5      new Point(this.x + dx,  this.y + dy);
6
7    isInRect = (rect) =>
8      this.x >= rect.x
9      && this.x <= rect.x + rect.width
10     && this.y >= rect.y
11     && this.y <= rect.y + rect.height;
12   }
```

注意，在 isInRect()方法中，传入的参数是矩形类的对象，因此用到了矩形类 Rect，它的定义如下：

```
1    class Rect extends Point{
2      constructor(x, y, width, height){
3        super(Math.min(x, x + width), Math.min(y, y + height));
4        this.width = Math.abs(width);
5        this.height = Math.abs(height);
6      }
7
8      get x2() { return this.x + this.width; }
9      get y2() { return this.y + this.height; }
10     get pointA() { return new Point(this.x, this.y); }
11     get pointC() { return new Point(this.x2, this.y2); }
12
13     move(offset){ this.x += offset.dx; this.y += offset.dy; }
14
15     offsetRect = (offset) =>
16       new Rect(this.x + offset.dx, this.y + offset.dy,
17         this.width, this.height);
18
19     isInRect = (largeRect) =>
20       this.pointA.isInRect(largeRect) && this.pointC.isInRect(largeRect);
21   }
```

可以看到矩形类 Rect 继承自 Point 类，构造函数的参数是左上角的点的坐标值 x 和 y，以及矩形的宽度 width 和高度 height。读者如果对如何在 JavaScript 中定义类的知识不熟悉，则请先复习本书前面 JavaScript 部分的知识。

此外，以上代码定义了以下 4 个 get 存取器。

- x2 和 y2 用于获取右下角的点的坐标值。
- pointA 和 pointC 分别表示左上角和右下角对应的两个点的 Point 类型的对象，如图 13.4 所示。

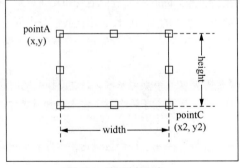

图 13.4　选区坐标示意

< 216 >

此外，以上代码还定义了以下 3 个方法。

- move()：将矩形对象移动指定的距离。
- offsetRect()：返回一个移动了指定距离的新矩形，且不改变当前这个矩形对象的位置。
- isInRect()：判断当前的这个矩形对象是否完全包含于另一个矩形。例如在移动选区时，就需要用到这个判断。

有了上述 Point 和 Rect 这两个基础类之后，我们就可以定义剪裁器类了。首先定义它的构造函数，看看它有哪些属性。

```
1   class Cropper {
2     constructor(image, ratio=1) {
3       this.image = image;
4       this.ratio = ratio;
5       this.displayHeight = this.image.height * this.ratio;
6       this.displayWidth = this.image.width * this.ratio;
7       this.minSize = 20;
8       this.selection = null;
9       this.range = new Rect(0, 0, this.displayWidth, this.displayHeight);
10    }
11  }
```

构造函数中定义了下面这些属性。

- this.image：图片对象，由调用者传入。
- this.ratio：缩放比，如果图片特别大，我们就需要将它缩小一些。缩放比也是由调用者传入的。
- this.displayHeight：图片显示的高度，即图片的实际高度乘缩放比。
- this.displayWidth：图片显示的宽度，即图片的实际宽度乘缩放比。
- this.minSize = 20：最小选的边长。当调整选区大小的时候，最小边长固定为 20px。
- this.selection：选区矩形，初始值为 null。
- this.range：整个图片所占的范围，是一个矩形，可以根据传入的图片求得。

13.3.2　定义 Cropper 类

选区操作就是指创建和改变选区的几何信息，因此操作的核心是计算选区的坐标。我们应考虑以下几种操作。

- 创建（绘制）选区。
- 移动选区。
- 调整选区大小。
- 剪裁图片。

1. 创建（绘制）选区

每当需要在图片上绘制选区时，就可以调用 drawSelection()方法，传入一个 Rect 类的对象，然后直接把它赋值给选区属性 this.selection 即可，代码如下所示：

```
1   drawSelection(rect) {
2     this.selection = rect;
3   }
```

2. 移动选区

移动选区很简单，因为选区属性 this.selection 本身就是 Rect 类的对象，所以直接调用它自己的 move()

< 217 >

方法即可。但是在真正改变位置之前，需要先判断选区是否出界，因此先用 Rect 类的 **offsetRect()** 方法根据指定的偏移量产生一个新矩形，然后利用 isInRect() 判断选区是否仍在整个图片的范围内。如果仍在范围内，则再移动矩形，否则什么也不做，并终止这个方法的调用。代码如下所示：

```
1  move(offset) {
2    if(this.selection.offsetRect(offset).isInRect(this.range))
3      this.selection.move(offset);
4  }
```

3．调整选区大小

前面讲解选区部分的 HTML 结构与样式时指出，有 8 个小方块手柄是用于调整选区大小的。虽然有 8 个手柄，但是移动角上的手柄，本质上等于同时移动两条边上的手柄，例如移动左上角的手柄，等于同时移动矩形选区的左边中点和上边中点的两个手柄，因此调整选区大小只需要定义 4 个手柄即可，代码如下：

```
1   resizeLeft(dx) {
2     if(this.selection.pointA.offsetPoint(dx, 0).isInRect(this.leftBox)){
3       this.selection.x += dx;
4       this.selection.width -= dx;
5     }
6   }
7   resizeRight(dx) {
8     if(this.selection.pointC.offsetPoint(dx, 0).isInRect(this.rightBox))
9       this.selection.width += dx;
10  }
11  resizeTop(dy) {
12    if(this.selection.pointA.offsetPoint(0, dy).isInRect(this.topBox)){
13      this.selection.y += dy;
14      this.selection.height -= dy;
15    }
16  }
17  resizeBottom(dy) {
18    if(this.selection.pointC.offsetPoint(0, dy).isInRect(this.bottomBox))
19      this.selection.height += dy;
20  }
```

上面代码很容易理解，例如 resizeLeft() 就是移动左边的边框。4 个方法具体的移动方式如下。

- 移动左边：选区左上角的 x 坐标增加偏移的水平距离（dx），同时选区的宽度要减小 dx。
- 移动右边：选区左上角坐标不变，选区的宽度增加 dx。
- 移动上边：选区左上角的 y 坐标增加偏移的竖直距离（dy），同时选区的高度要减小 dy。
- 移动下边：选区左上角坐标不变，选区的高度增加 dy。

注意，dx 和 dy 可以为正值，也可以为负值；为正值表示向右和向下，为负值表示向左和向上。

和移动选区一样，在改变选区之前，要先判断如果这么改变是否会出界。这里需要应用一点小技巧。请参考图 13.5。

例如对于移动左边来说，只需要考虑水平方向的坐标，可以认为是左上角的 x 坐标的范围在左侧标记的阴影的矩形范围内；同理对于移动下边来说，只需要考虑竖直方向的坐标，可以认为是右下角的 y 坐标的范围在右侧标记的阴影的矩形范围内。

请注意，图 13.5 中考虑了选区的最小宽度和最小高度，移动 4 条边时也要考虑这些。

< 218 >

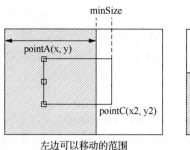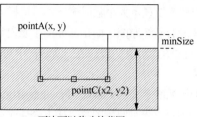

图 13.5　移动选区示意

基于上面的分析，对于每一条边的移动，都会对应一个阴影表示的矩形，有了这个矩形，就可以很容易地判断选区是否出界。因此，先求出 4 个方向的矩形。只要理解了图 13.5 的含义，这 4 个矩形就不难求出，代码如下：

```
1   get leftBox() {
2     return new Rect(0, 0, this.selection.x2 - this.minSize, this.displayHeight);
3   }
4   get topBox() {
5     return new Rect(0, 0, this.displayWidth, this.selection.y2 - this.minSize);
6   }
7   get rightBox() {
8     return new Rect(this.selection.x + this.minSize, 0,
9       this.displayWidth - this.selection.x - this.minSize, this.displayHeight);
10  }
11  get bottomBox() {
12    return new Rect(0, this.selection.y + this.minSize,
13      this.displayWidth, this.displayHeight);
14  }
```

补齐了矩形存取器的定义，上面 4 个调整选区的方法就都设置好了。

4. 剪裁图片

最后就是剪裁图片，这里需要使用一些 HTML5 中引入的与 Canvas（画布）相关的知识，其实很简单，代码如下：

```
1   crop() {
2     const originImage = this.image;
3     const cropX = this.selection.x / this.ratio;
4     const cropY = this.selection.y / this.ratio;
5     const width = this.selection.width / this.ratio;
6     const height = this.selection.height / this.ratio;
7     const newCanvas = document.createElement('canvas');
8     newCanvas.width = width;
9     newCanvas.height = height;
10    const newContext = newCanvas.getContext('2d');
11    newContext.drawImage(originImage,
12      cropX, cropY, width, height, 0, 0, width, height);
13
14    // 画布转化为图片
15    const newImage = new Image();
16    newImage.src = newCanvas.toDataURL("image/png");
17    return newImage;
18  }
```

< 219 >

需要注意的是，前面的计算都是依据图片显示大小来计算的，在真正剪裁的时候，就需要用到实际的大小了，因此需要显示大小除以缩放比，这样才能得到实际的坐标值和长宽值。

剪裁操作并没有破坏原图，而是从原图中复制出一块矩形区域，得到一个新的图片对象，最后返回这个得到的新的图片对象，以后在 jQuery 中可以将其显示在页面需要的地方。这里主要使用了 drawImage()函数。

drawImage()函数的定义是 void ctx.drawImage(image, sx, sy, sWidth, sHeight, dx, dy, dWidth, dHeight);，它有 9 个参数，第一个表示原始图片，接下来 4 个表示选区的坐标，最后 4 个表示选区在画布中的坐标，如图 13.6 所示。

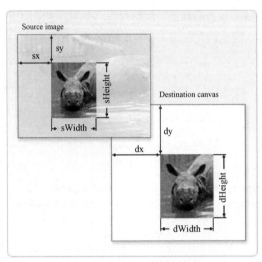

图 13.6　drawImage()函数使用说明

至此，页面结构与样式以及核心逻辑就都设置好了，接下来需要用 jQuery 来处理各种交互。

5．选区操作总结

最后来总结一下：整个 Cropper 类的所有方法如下所示，除了构造函数之外，drawSelection()方法用于设置矩形选区，4 个 get 存取器用于计算移动边的活动范围，move()方法用于改变选区的位置，4 个名称以 resize 开头的方法用于改变选区的大小，crop()方法用于获得剪裁后的图片。

```
1    class Cropper {
2      constructor(image, ratio=1) { …… }
3
4      drawSelection(rect) { …… }
5
6      get leftBox() { …… }
7      get topBox() { …… }
8      get rightBox() { …… }
9      get bottomBox() { …… }
10
11     move(offset) { …… }
12
13     resizeLeft(dx) { …… }
14     resizeRight(dx) { …… }
```

< 220 >

```
15    resizeTop(dy) { …… }
16    resizeBottom(dy) { …… }
17
18    crop() {……}
19  }
```

至此，Cropper 这个类就设置完成了，接下来即可在 UI 层中使用这个类了。

13.4　使用 jQuery 处理交互

jQuery 擅长响应各种事件并处理 DOM 元素，因此它非常适合用来做各个程序组成部分之间的"黏合剂"。

本实例中需要处理以下几个事件。

- 监听<input>元素的变化，初始化原始图片。
- 监听图片元素的鼠标事件，创建选区。
- 监听选区元素的鼠标事件，移动选区以及调整选区大小。
- 监听键盘的按键事件，剪裁图片，并在结果区中显示出来。

13.4.1　初始化图像

先将 jQuery 和上面编写的 cropper.js 引入 HTML，然后初始化图片，并使用 jQuery 的 change()函数来监听<input>元素的变化，代码如下：

```
1   let cropper;
2   let ox, oy;
3
4   $(function(){
5     const $container = $("#container");
6     const $selection = $("#selection");
7     const $body = $('body');
8
9     //初始化图片
10    const image = new Image();
11    $("#file").change(function(){
12      let reader = new FileReader();
13      reader.readAsDataURL(this.files[0]);
14      reader.onloadend = function (e) {
15        image.src = e.target.result;
16        $('#front-image, #back-image').attr('src', image.src);
17        image.onload = function() {
18          //显示图片的宽与高
19          const width  = $('#front-image').width();
20          const height = $('#front-image').height();
21          //显示图片的尺寸数据
22          $("#show-size")
23            .text(`${width} x ${height} (${image.width} x ${image.height})`);
24          //显示鼠标指针相对于图片的坐标（左上角为(0,0)）
```

< 221 >

```
25        ox = parseInt($container.offset().left);
26        oy = parseInt($container.offset().top);
27        $container.height(height).width(width);
28        cropper = new Cropper(image, width / image.width);
29        $("#file").blur();
30      }
31    };
32   });
33 });
```

以上代码中，首先定义了一个 cropper 变量，用于保存前面编写好的 Cropper 类的对象；ox 和 oy 表示图片左上角相对于浏览器窗口的坐标，作为计算选区坐标的基准。

$(function(){})中定义了页面载入后初始化图片剪裁器的相关逻辑。先把 3 个重要的 DOM 元素通过 jQuery 获取出来，并将它们保存到常量（即$("#container")、$("#selection")和$('body')）中，之后会用到。

接下来监听<input>的 change 事件。当选择了某个图片文件后，使用 HTML5 中引入的读取文件的 API 获得图片，并将页面上的相应元素根据获得的图片进行设置，同时创建 Cropper 类的对象。

HTML5 中引入的 FileReader 类用于读取文件，它可以实现将选中的图片转化成 base64 格式，并赋值给两个<img>元素。这两个<img>元素已经经过了 CSS 的设置，它们对应的图片正好可以"严丝合缝"地叠在一起。

13.4.2　控制选区

选区的控制是整个图片剪裁器的核心。用户在图片上单击时会出现选区，随着用户拖曳鼠标，选区会相应变化，直到用户释放鼠标，此时选区便停留在图片中。用户可以通过选区四周的小方块手柄来改变选区的大小。

1．初始化选区手柄

接下来，需要初始化 8 个 resize 手柄，代码如下。先选中 8 个$(".resize")元素，它们实际上都是<span>元素；然后用 each()方法在每个<span>中插入一个手柄所对应的小方块图片。一个小技巧是：为了方便地给每个手柄设置鼠标指针形状的 CSS 属性，可以拼接出一个字符串，动态生成这个属性值。

```
1  //初始化 resize 手柄
2  $(".resize").each(function(){
3     let $this=$(this);
4     $("<img/>")
5       .attr("src", "dot.gif")
6       .css("cursor",
7        `${$this.attr("data-v")}${$this.attr("data-h")}-resize`)
8       .appendTo($this);
9  })
```

2．更新选区

前面已经创建了 Cropper 类的对象 cropper，现在需要将 cropper 对象的矩形选区 selection 属性与页面的选区元素对应起来。当 cropper 对象的选区坐标发生变化时，页面要做出相应的变化。

因此，我们需要定义一个根据 cropper 对象的值更新页面元素的函数 updateSelection()，代码

< 222 >

如下：

```
1    //更新选区
2    function updateSelection() {
3      //显示前景图
4      $selection.show().css({
5        "left": cropper.selection.x,
6        "top": cropper.selection.y,
7        "width": cropper.selection.width,
8        "height": cropper.selection.height
9      });
10     //根据选中的区域进行剪裁
11     let {x:left, y:top, x2:right, y2:bottom} = cropper.selection;
12     $("#front-image").css("clip",
13       `rect(${top+1}px, ${right+1}px, ${bottom+1}px, ${left+1}px)`);
14     //移动 9 个手柄
15     let {width, height} = cropper.selection;
16     $("#square-nw").css({"left":"-1px", "top":"-1px"});
17     $("#square-n").css({"left":width/2-2, "top":"-1px"});
18     $("#square-ne").css({"left":width-4, "top":"-1px"});
19     $("#square-w").css({"left":"-1px", "top":height/2-2});
20     $("#square-e").css({"left":width-4, "top":height/2-2});
21     $("#square-sw").css({"left":"-1px", "top":height-4});
22     $("#square-s").css({"left":width/2-2, "top":height-4});
23     $("#square-se").css({"left":width-4, "top":height-4});
24     $("#square-move").css({"left":width/2-3, "top":height/2-3});
25   }
```

可以看到一共需要处理 3 个方面的逻辑。

- 更新选区的 4 条边。这是通过改变选区<div>的 CSS 属性值实现的。
- 显示前景图。对于上层的图片，露出选区范围内的部分；对于其余部分，则通过 CSS 的 clip 属性将之隐藏起来。
- 移动 9 个手柄。

其中，为了以浅色露出非选区部分，采用了 CSS 中的 clip: rect(top, right, bottom, left)方法。需要注意，计算的时候要考虑到边框所占的 1px。

接下来我们要控制选区，所有的控制逻辑都是一致的。首先监听事件，然后调用 Cropper 中相应的函数来计算选区坐标，最后调用刚刚定义的updateSelection()函数更新页面元素，以便正确显示选区。

3. 创建选区

面对已经转入页面的图片，首先需要通过鼠标操作来创建（绘制）选区。用鼠标拖曳时，开始时会不断绘制选区边框，释放鼠标则会结束绘制。实现这个效果需要使用一点小技巧。

先考虑一下这个逻辑所对应的基本结构，显然不能直接监听鼠标移动（mousemove）事件，只有在按住鼠标之后不释放，并且移动鼠标才会形成鼠标拖曳动作，因此该监听操作首先要做的是监听按住鼠标（mousedown）和释放鼠标（mouseup）事件，并且在按住鼠标的时候，设定监听鼠标移动事件，在释放鼠标的时候，解除监听鼠标移动事件。这个过程对应的代码如下所示：

```
1    $body.on("mousedown", '#container', function(){
2      $body.on("mousemove", '#container', function(){
3        //这里不断地绘制选区边框
```

< 223 >

```
4    }).on("mouseup", '#container', function(){
5      $body.off("mousemove", '#container');
6    });
```

想好了这个基本逻辑之后，我们就可以考虑实现的细节了，代码如下：

```
1    //在图片范围内按住鼠标并移动鼠标以绘制选区
2    $body.on("mousedown", '#container', function(e){
3      let cx = e.pageX, cy = e.pageY;
4      $body.on("mousemove", '#container', function(e){
5        cropper.drawSelection(
6          new Rect(cx - ox, cy - oy, e.pageX - cx, e.pageY - cy));
7        updateSelection();
8        return false;        //阻止浏览器的默认事件
9      });
10     return false;        //阻止浏览器的默认事件
11   }).on("mouseup", '#container', function(){
12     //释放鼠标，删除出现的选区相关事件
13     $body.off("mousemove", '#container');
14     return false;        //阻止浏览器的默认事件
15   });
```

通过鼠标事件对象参数 e 的 pageX 和 pageY 属性，可以获得鼠标指针位置信息，即 cx 和 cy（click 的 x 和 y 坐标）。在拖曳鼠标的整个过程中，cx 和 cy 表示的是拖曳的起点值，它们会保持不变。

接下来则须监听鼠标移动事件。鼠标移动事件会以非常高的频率而被不断触发，每次触发都会获得新的鼠标指针位置。根据新的鼠标指针位置，配合拖曳起点的鼠标指针位置，就可以得到选区对应的矩形的完整几何信息了。

这里需要注意，鼠标事件中的位置坐标都是相对窗口左上角而言的。因此要用其减去图像左上角的坐标，以得到相对于图像左上角的位置信息。得到选区的矩形位置信息以后，调用 cropper.drawSelection() 方法，cropper 对象就会实时记录选区的大小及位置；然后调用 updateSelection() 方法，程序就会马上将相关信息更新到页面上。由于鼠标移动事件被触发的频率非常高，因此就可以看到很平滑的不断变化的选区了。最后要执行 return false，避免继续执行浏览器的默认操作。

请读者务必仔细读懂上面这段代码，这可以说是这个案例中非常重要的一部分内容。

4. 移动选区

选区生成后，通常还可以根据需要对其进行移动。当鼠标指针在选区中时，按住鼠标左键并移动就可以移动选区了，但是不能将选区移出图片区域。选区必须完全包含在图片范围内（这个约束条件已经由 Cropper 类中的逻辑保证了）。移动选区只需要调用 Cropper 类中相应的函数即可实现，代码如下所示：

```
1    //当鼠标指针在选区中时，按住鼠标左键并移动，以移动选区
2    $body.on("mousedown", '#selection', function(e){
3      let cx = e.pageX, cy = e.pageY;
4      $body.on("mousemove", '#container', function(e){
5        cropper.move({dx: e.pageX - cx, dy: e.pageY - cy});
6        updateSelection();
7        cx = e.pageX, cy = e.pageY;
8        return false;
9      });
10     return false;
11   }).on("mouseup", '#selection', function(e){
```

< 224 >

```
12    $body.off("mousemove", '#container');
13    return false;
14  });
```

如果理解了前面绘制选区的原理，那么这里的代码就不难理解了。这里的代码几乎和前面介绍的一样，区别在于以下两点。

- 绑定监听事件的 DOM 元素不同，前面的是整个 div#container，而这里的是选区 div#selection。
- 在移动鼠标时，调用 cropper 对象的方法不同，这里调用的是 cropper.move()方法。

同样，与显示选区的思路类似，当用户释放鼠标时会解除上述监听事件。此时页面效果如图 13.7 所示。

图 13.7　移动选区

5．改变选区大小

不仅可以移动选区，还可以通过拖曳其四周的小方块手柄来改变其大小。如果每个手柄单独监听事件，程序就会很冗长，因此可以通过一定的方法来统一处理。在每个小方块手柄所对应的元素上定义它的方向，以用统一的监听处理函数来改变选区，代码如下：

```
1   //拖曳选区周围的 8 个手柄以调整选区大小
2   $body.on("mousedown", '.resize', function(e){
3     let cx = e.pageX, cy = e.pageY;
4     let $this = $(this);
5     $body.on("mousemove", '#container', function(e){
6       if ($this.attr('data-h') === 'w')
7         cropper.resizeLeft(e.pageX - cx);
8       if ($this.attr('data-h') === 'e')
9         cropper.resizeRight(e.pageX - cx);
10      if ($this.attr('data-v') === 'n')
11        cropper.resizeTop(e.pageY - cy);
12      if ($this.attr('data-v') === 's')
13        cropper.resizeBottom(e.pageY - cy);
14      updateSelection();
15      cx = e.pageX; cy = e.pageY;
16      return false;
17    });
18    return false;
19  }).on("mouseup", '.resize', function(e){
20    $body.off("mousemove", '#container');
21    return false;
```

< 225 >

```
22   });
```

这里定义的监听逻辑在结构上与前面两种操作的逻辑相同，同样使用了两层监听（先监听 mousedown 事件，再监听 mosemove 事件），故这里不再赘述。

需要注意的是，在鼠标移动事件的处理中，要根据手柄的 data-h 和 data-v 两个属性的值来判断调用 cropper 的 4 个改变大小的方法中的哪一个或哪两个方法。此时页面效果如图 13.8 所示。

图 13.8　改变选区大小

读者可以尝试在一个矩形上定义 4 个方向，这样会产生不同的页面效果。

13.4.3　最终剪裁

当选区通过移动、放大、缩小等变化达到用户满意的状态后，按一下 Enter 键便可以进行最终的剪裁。因此需要监听按键事件，并且调用 cropper 对象的剪裁方法 crop()，以将生成的新图像显示在原图下方，代码如下：

```
1    //按 Enter 键，确定剪裁
2    $body.on("keyup", function(e){
3      if(e.keyCode === 13){
4        if(cropper.selection)
5          $(cropper.crop())
6            .css({"width": cropper.selection.width+"px"})
7            .appendTo($('#result'));
8        else
9          alert("请先拖曳鼠标指针确定选区");
10     }
11   });
```

先判断按键事件的键值是不是 Enter 键对应的 13，如果是则还要先判断选区是否已经存在，若不存在则要提示用户先选中一个选区再进行剪裁操作。

具体的剪裁操作是调用 cropper 对象的 crop()方法实现的。获得剪裁后的图片后将其转换为 jQuery 对象，设置显示宽度与选区宽度一致，然后将其插入显示结果区域即可。最终剪裁结果如图 13.9 所示。

< 226 >

图 13.9　最终剪裁结果

　　实例文件请参考本书配套的资源文件：第 13 章\cropper.html、第 13 章\cropper.css、第 13 章\cropper.js、第 13 章\cropper-ui.js。

本章小结

　　本章将 JavaScript 和 jQuery 结合起来加以运用，一步一步地实现了一个网页图片剪裁器。希望通过这个实例读者能够加强对 JavaScript 和 jQuery 的理解。另外，希望读者能够合理地运用类和继承的知识，实现较为复杂的逻辑，以及灵活使用 jQuery 来响应各种事件并操作 DOM。

< 227 >

第 **14** 章　综合实例五：前端工程化

在前文中，我们围绕着 jQuery 从概念、原理、实践等不同的角度进行了讲解与实践。在本章中，我们主要讨论 JavaScript 的工程化，也就是在实际开发过程中需要掌握的一些技能和工具用法，重点是 JavaScript 代码的调试与优化，以及自动化构建工具 webpack 的使用。本章思维导图如下。

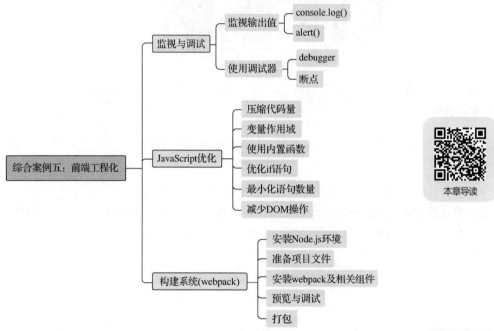

本章导读

14.1 在浏览器中监视与调试

知识点讲解

通常进行 Web 前端开发时，都会先使用 Chrome 浏览器来测试结果是否正确，因为 Chrome 浏览器有功能丰富的开发者工具，调试起来非常方便。页面在 Chrome 浏览器中的测试结果正确后，再使用其他浏览器来进行兼容性测试。

14.1.1 使用 console.log()和 alert()方法监视输出值

作为简单的演示，我们用以下内容制作一个简单的页面，这个页面的<body>中没有任何元素，在<head>部分加入了<script>标记和两行 JavaScript 代码，代码如下：

```
1   <!DOCTYPE html>
2   <html>
3   <head>
4       <script>
5           console.log("通过输出一些内容的方式，可以看到运行结果")
6           console.log(new Date())
7       </script>
8   </head>
9   <body>
10  </body>
11  </html>
```

⚠️ 注意

　　上面的代码中<script>标记没有带任何属性，我们在看一些网页的源代码时，常常会看到这个标记被写为<script type = "text/javascript">，即给<script>标记加了一个 type 属性，说明这个脚本是用 JavaScript 语言编写的，但其实这属于"画蛇添足"，<script>标记的 type 属性的默认值就是 text/javascript，因此省略不写就可以了，这样还可以保持代码简洁。

　　页面写好并保存以后，即可在文件管理器里双击这个页面所对应的文件以打开它。这时系统会用计算机上设置的默认浏览器直接打开它，例如打开上面制作的这个页面，可以看到浏览器中没有任何内容，如图 14.1 所示。关于图 14.1，需要注意以下两点。

- 地址栏中显示的地址以 file://开头，而不是以 http://开头，说明这是本地文件地址，而不是 Web 服务器上的网址。
- 单击浏览器右上角的 ⋮ 图标，展开菜单，单击图 14.1 中所示的"开发者工具"命令，打开开发者工具。此操作对应的快捷键是 Ctrl+Shift+I，由于此操作特别常用，建议读者记住这个快捷键。

图 14.1　在 Chrome 浏览器中打开测试页面

　　打开开发者工具后，在浏览器下方出现了一些新的内容，单击"Console"，打开控制台面板，可以看到有两行内容，如图 14.2 所示，它们正是前面在<script>标记里面写的两行 JavaScript 代码的输出结果，并且在面板右端还给出了相应语句所在的文件和行数信息。用这种方式可以非常方便地看到程序运行过程中的一些结果，这是一个很方便的调试方法。

< 229 >

图 14.2　打开控制台面板查看输出结果

✏️ 说明

　　Chrome 浏览器的开发者工具包含一整套非常强大的工具，可以用于监视、调试页面，其中还包括 HTML 元素、CSS 样式和 JavaScript 逻辑。读者在实践过程中，应该尽快掌握开发者工具的使用方法，这样学习 JavaScript 可以事半功倍。

　　在早期还没有 Chrome 及开发者工具之前，人们常常使用 alert() 来输出一些内容，用于测试和调试。例如把前面代码中的 console.log() 改为 alert (new Date())，那么页面中就会弹出一个提示框，其中会显示需要展示的内容，如图 14.3 所示，这种方式已经很少使用了。

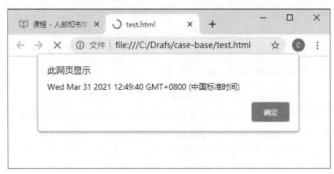

图 14.3　用提示框展示内容

14.1.2　使用调试器

　　首先使用一个简单的常用到调试器的 for 循环实例来演示如何使用 Chrome 调试代码。

（1）在代码中使用 debugger。

　　使用以下代码作为演示基础，实例文件请参考本书配套的资源文件：第 14 章\14-1.html。

```
1    <!DOCTYPE html>
2    <html>
3    <head>
4    <script>
5        for(let i = 0; i < 5; i++) {
```

< 230 >

```
 6          debugger
 7          console.log('索引: ' + i)
 8          console.log('索引*2: ' + i * 2)
 9      }
10  </script>
11  </head>
12  <body>
13  </body>
14  </html>
```

运行以上代码，Chrome 浏览器会自动跳转到断点位置，单击  按钮，即 "Step over next function call"，会一步一步地运行代码，如图 14.4 所示。

图 14.4　在代码中使用 debugger

继续单击两次 按钮，控制台就会输出以下内容：

```
1  索引: 0
2  索引*2: 0
```

单击 按钮，即 "Resume script execution"，会进入下一个断点，例如对于当前的 for 循环实例，单击一次就会循环输出一次；总共会循环 5 次，即单击 5 次就跳出了断点。

对于上面讲述的 按钮，需要单击 2 次才会输出以上内容；而对于 按钮，单击一次控制台就会输出以上内容，再单击一次，控制台就会再输出以下内容：

```
1  索引: 1
2  索引*2: 2
```

> **注意**
>
> 当开发者工具是打开的状态，且当前运行的页面有断点时，Chrome 浏览器会自动跳转到断点位置。

（2）在开发者工具的源代码（Sources）面板中添加断点。

在源代码面板中，找到需要添加断点的代码，例如第 11 行的位置，在行号处单击便可添加断点，效果如图 14.5 所示。

以上两种实现断点方式的效果一致，除了控制台输出结果之外，断点走到哪儿之后，鼠标移到那儿也是可以看到结果的。索引 i 为 1 时，索引*2 为 2，如图 14.6（a）所示。索引 i 为 2 时，索引*2 为 4，如图 14.6（b）所示。

< 231 >

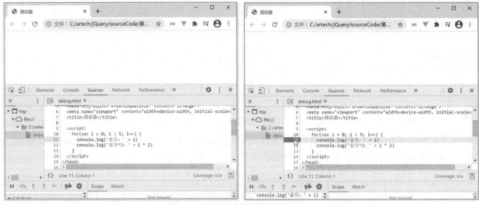

图 14.5　在源代码面板中添加断点

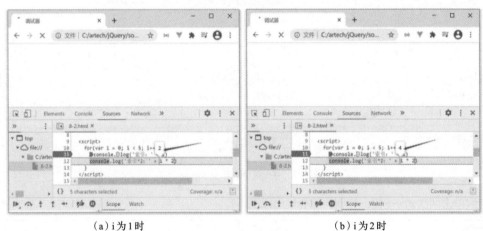

（a）i为1时　　　　　　　　　　　　　　（b）i为2时

图 14.6　查看数据结果

14.2　JavaScript 优化

　　JavaScript 是一门解释型语言，它不像 C、Java 等程序设计语言由编译器先编译再运行，而是直接被下载到用户的客户端执行。因此代码本身的质量直接决定了代码下载的速度以及执行的效率。本节主要介绍 JavaScript 优化，包括压缩代码量等。

14.2.1　压缩代码量

　　浏览器下载的是 JavaScript 的源代码，其中包含长变量名、注释、空格、换行符等"多余"字符，大大增加了代码下载时间。这些字符对于团队编写代码十分有效，但在最后完成编写并将代码上传到服务器时，应当全部进行优化以压缩代码量。例如：

```
1    function showMeTheMoney(money) {
2        if (!money) {
3            return false;
4        } else {
```

< 232 >

```
5            ......
6        }
7    }
```

可以优化成：

```
function showMeTheMoney(money){if(!money){return false;}else{……}}
```

这样优化后节省了 25B，倘若是一个大的 JavaScript 工程，优化后将节省出非常大的空间，这样不但能提高用户下载的速度，还能减轻服务器的压力。

另外对于布尔值 true 和 false，true 可以用 1 来替换，false 可以用 0 来替换。替换 true 节省了 3B，替换 false 则节省了 4B，例如：

```
1    let bSearch = false;
2    for(let i=0;i<aChoices.length && !bSearch;i++){
3        if(aChoices[i]==vValue)
4            bSearch = true;
5    }
```

替换成：

```
1    let bSearch = 0;
2    for(let i=0;i<aChoices.length && !bSearch;i++){
3        if(aChoices[i]==vValue)
4            bSearch = 1;
5    }
```

替换了布尔值之后，代码执行的效率、结果都相同，但节省了 7B。

代码中常常会出现检测某个值是否为有效值的语句，而很多条件就是判断某个变量的值是否为 undefined、null 或者 false，例如：

```
1    if(myValue != undefined){
2        ......
3    }
4
5    if(myValue != null){
6        ......
7    }
8
9    if(myValue != false){
10       ......
11   }
```

这些代码虽然都正确，但采用逻辑非操作符!也可以产生同样的效果：

```
1    if(!myValue){
2        ......
3    }
```

这样的替换可以节省一部分存储空间，而且不影响代码的可读性。类似的代码优化方式还有将定义数组时的 new Array()用[]代替，将定义对象时的 new Object()用{}代替等，例如：

```
1    let myArray = new Array();
2    let myArray = [];
3    let myObject = new Object();
4    let myObject = {};
```

< 233 >

显然，第2行和第4行的代码较为精简，而且很容易理解。

另外对于函数名称、变量名称，在编写代码时往往为了提高可读性，会使用很长的英文单词，这大大增加了代码的长度，例如：

```
1    function AddThreeLetsTogether(firstLet, secondLet, thirdLet){
2        return (firstLet + secondLet + thirdLet);
3    }
```

可以优化成：

```
function A(a,b,c){return (a+b+c);}
```

> **注意**
>
> 在进行变量名称替换时，必须十分小心，尤其不推荐使用文本编辑器的查找、替换功能，因为编辑器可能无法很好地区分变量名称和其他代码。例如希望将变量 tion 全部替换成 io，很可能会导致关键字 function 被破坏。

对于上面介绍的这些减少代码量的方法，手动操作很烦琐，且容易出错。现在已经有成熟的工具来处理这些事情了，后面会结合 webpack 来讲解相关内容。使用工具能够事半功倍。

14.2.2　变量作用域

减少代码量只能使用户下载的速度变快，但执行程序的速度并没有改变。要提高代码执行的效率，还得在各方面进行调整。

在浏览器中，JavaScript 默认的变量是 window 对象，也就是全局变量。全局变量只有在浏览器关闭后才会被释放。JavaScript 还有局部变量，通常在函数体中执行完毕其就会被立即释放。因此在函数体中要尽可能地使用 let 关键字来声明变量。下面是一个使用全局变量的例子，代码如下，实例文件请参考本书配套的资源文件：第 14 章\14-2.html。

```
1    <html>
2    <head>
3    <title>JavaScript 中的变量作用域</title>
4    <script>
5    function First(){
6        a = "字母";    //直接使用变量
7    }
8    function Second(){
9        alert(a);
10   }
11   First();
12   Second();
13   </script>
14   </head>
15   <body>
16   </body>
17   </html>
```

以上代码在函数 First()中直接使用变量 a，而在函数 Second()中没有声明该变量，而是直接调用。运行结果是函数 Second()顺利地读到了变量 a 的值，效果如图 14.7 所示。

< 234 >

图 14.7　全局变量

　　这说明在函数 First() 中，变量 a 被当成了全局变量，直到浏览器关闭时其才会被释放，因而浪费了不必要的资源。将该实例稍做修改，使用 let 声明局部变量，代码如下，实例文件请参考本书配套的资源文件：第 14 章\14-3.html。

```
1    <html>
2    <head>
3    <title>使用 let 声明局部变量</title>
4    <script>
5    function First(){
6        let a = "字母";      //使用 let 声明
7    }
8    function Second(){
9        alert(a);
10   }
11   First();
12   Second();
13   </script>
14   </head>
15   <body>
16   </body>
17   </html>
```

　　当在函数 First() 中使用 let 声明变量后，在函数 Second() 中便不能访问该变量，说明变量 a 被当成了局部变量，在执行完 First() 后其便会被立即释放。如图 14.8 所示，浏览器会提示变量 a 未定义。

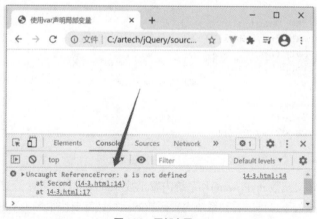

图 14.8　局部变量

　　因此在函数体中，如果变量不是特别需要在全局范围内使用，则都应当使用 let 进行声明，从而节省系统资源。

< 235 >

14.2.3 使用内置函数

应当尽量使用 JavaScript 的内置函数，因为 JavaScript 内置的属性、函数都是用类似 C、C++的语言编译过的，其运行速度比实时编译的 JavaScript 代码的运行速度快很多。例如计算指数函数，读者可以自己编写如下代码，实例文件请参考本书配套的资源文件：第 14 章\14-4.html。

```
1   <head>
2   <title>内置函数</title>
3   <script>
4   function myPower(iNum, n){
5       let iResult = iNum;
6       for(let i=1;i<n;i++)
7           iResult *= iNum;
8       return iResult;
9   }
10  document.write(myPower(7,8));
11  </script>
12  </head>
```

以上代码自定义了一个 myPower()函数，虽然逻辑完全正确，但其效率肯定比内置函数 Math.pow()的要低很多。为了证明这一点，我们编写一个比较程序，来比较内置函数与自定义函数的运行速度，代码如下，实例文件请参考本书配套的资源文件：第 14 章\14-5.html。

```
1   <head>
2   <title>内置函数</title>
3   <script>
4   function myPower(iNum, n){
5       let iResult = iNum;
6       for(let i=1;i<n;i++)
7           iResult *= iNum;
8       return iResult;
9   }
10  let myDate1 = new Date();
11  for(let i=0;i<150000;i++){
12      myPower(7,8);                //自定义函数
13  }
14  let myDate2 = new Date();
15  console.log(myDate2-myDate1);
16  myDate1 = new Date();
17  for(let i=0;i<150000;i++){
18      Math.pow(7,8);              //采用系统内置函数
19  }
20  myDate2 = new Date();
21  console.log(myDate2-myDate1);
22  </script>
23  </head>
```

以上代码使用自定义函数 myPower()和系统内置函数 Math.pow()各运算了 150 000 次，然后分别计算运行时间。运行结果如下，可以看到系统内置函数的运行速度要快很多（不同的计算机运行速度会有差别）。

```
1   19
2   5
```

< 236 >

14.2.4　优化 if 语句

　　if 语句是代码中使用极频繁的语句，然而很可惜的是它的执行效率并不是很高。通常，在使用 if 语句和多个 else 语句时，一定要把最有可能出现的情况放在最前面，然后是可能性第二的，依次类推。例如预计某个数值在 0 和 100 之间出现的概率最大，则可以这样安排代码：

```
1   if(iNum>0 && iNum<100){
2       alert("在0（不含0）和100之间");
3   } else if(iNum>99 && iNum<200){
4       alert("在100（含100）和200之间");
5   } else if(iNum>199 && iNum<300){
6       alert("在200（含200）和300之间");
7   } else{
8       alert("小于或等于0或者大于或等于300");
9   }
```

　　即总是将出现概率最大的情况放在前面，这样就减少了多次测试后才能遇到正确条件的情况。当然，还应尽可能地减少使用 else if 语句，例如上面的代码还可以进一步优化成如下代码：

```
1   if(iNum>0){
2       if(iNum<100){
3           alert("在0（不含0）和100之间");
4       } else{
5           if(iNum<200){
6               alert("在100（含100）和200之间");
7           } else{
8               if(iNum<300){
9                   alert("在200（含200）和300之间");
10              } else{
11                  alert("大于或等于300");
12              }
13          }
14      }
15  } else{
16      alert("小于或等于0");
17  }
```

　　以上代码看上去比较复杂，但因为考虑了很多代码潜在的判断与执行问题，因此执行速度比前面代码的更快。

　　通常当超过两种情况时，最好使用 switch 语句。在某些情况下用 switch 语句替代 if 语句，甚至可令执行速度快 10 倍。另外由于 case 语句可以应用于任何类型的代码，因此大大方便了 switch 语句的编写。

14.2.5　最小化语句数量

　　脚本中的语句越少执行，时间自然越短，而且代码量也会相应减少。例如用 let 定义变量，如下所示：

```
1   let iNum = 365;
2   let sColor = "yellow";
3   let aMyNum = [8,7,12,3];
4   let oMyDate = new Date();
```

< 237 >

可以用 let 关键字一次性定义多个变量，如下所示：

```
let iNum = 365, sColor = "yellow", aMyNum = [8,7,12,3], oMyDate = new Date();
```

同样，在需要进行很多迭代运算的时候，应该尽可能地减少代码量，如下面的两行代码：

```
1    let sCar = aCars[i];
2    i++;
```

可以优化成一行代码：

```
let sCar = aCars[i++];
```

14.2.6 减少 DOM 操作

JavaScript 对 DOM 的处理可能是最耗时的操作之一。每次 JavaScript 对 DOM 的操作都会改变页面的表现，并重新渲染整个页面，从而导致明显的时间消耗。比较快捷的方法是尽可能不在页面中进行 DOM 操作，例如下面的代码中为 oU1 添加了 10 个条目：

```
1    let oUl = document.getElementById("ulItem");
2    for (let i = 0; i < 10; i++) {
3        let oLi = document.createElement("li");
4        oUl.appendChild(oLi);
5        oLi.appendChild(document.createTextNode("Item " + i);
6    }
```

以上代码在循环中调用 oUl.appendChild(oLi)，每当执行完这条语句，浏览器就会重新渲染页面。其次，给列表添加文本节点 oLi.appendChild(document.createTextNode("Item " + i);，这也会导致页面被重新渲染。因此每次运行都会导致两次页面重新渲染，共 20 次。

通常应当尽量减少 DOM 操作，在添加了文本节点之后再添加列表，并合理使用 createDocumentFragment()，如下所示：

```
1    let oUl = document.getElementById("ulItem");
2    let oTemp = document.createDocumentFragment();
3    for (let i = 0; i < 10; i++) {
4        let oLi = document.createElement("li");
5        oLi.appendChild(document.createTextNode("Item " + i);
6        oTemp.appendChild(oLi);
7    }
8    oUl.appendChild(oTemp);
```

14.3 使用 webpack 构建系统

案例讲解

Web 前端开发经过了近 20 年的发展，整个开发的工作流程和工具体系与最初简单地用记事本就可以进行开发的流程和体系已经大大不同了。

现在通常会把项目分为开发和运维两个阶段，前者对应开发环境，后者对应生产环境。

在开发环境中，开发人员一般面对的都是便于调试的源代码；而在生产环境中，一般会对代码进行必要的处理，例如删除空格等，通过减少代码量来提高性能等。通常至少有下面两个不可缺少的步骤。

- 合并：在一个实际项目中，前端开发主要涉及的是 3 种代码文件：HTML 文件、CSS 文件和

< 238 >

JS 文件。对于实际项目，开发人员通常会编写多个 CSS 文件和 JS 文件，最终要发布到生产环境时，一般会通过"合并"操作来减少文件个数，以提高浏览器下载的性能。

● 压缩：经过打包操作的文件代码仍然是开发人员手工编写的代码，实际上里面还有很多空格、注释等字符，对于真正的运行环境（通常被称为生产环境），比如生产服务器，这些字符都是"多余"的，因此我们会希望把这些"多余"的字符都去掉，以减少文件的体积，这个过程被称为压缩。

为此，就出现了一些专门的工具，用于帮助开发人员做这些烦琐的事情，整个过程被称为前端自动化构建，即除了开发人员编写程序之外的各种工作流程都可以通过一定的工具进行自动化操作。

目前常用和主流的自动化构建工具是 webpack，它非常强大，可将项目中的一切文件（如 JS 文件、JSON 文件、CSS 文件、Sass 文件、图片文件等）视为模块，然后根据指定的入口文件对模块的依赖关系进行静态分析，一层层地搜索所有依赖的文件，针对它们构建并生成对应的静态资源。

> ⚠️ **注意**
>
> 整个自动化构建过程的配置工作并不简单，需要安装一些插件、编写一些配置脚本，这有一定的学习难度。如果仅针对包含几个文件的小项目，则不必如此"兴师动众"。但是如果能够真正进入一个软件开发团队，以团队协作的方式开发实际项目，那么不懂自动化构建的知识和方法就基本无法开始工作。

完全掌握这个工具对初学者来说有一定的挑战，需要了解的背景知识相当多。本节仅做简单的讲解，以使读者对其有基本了解，进而便于读者自行深入探索相关内容。

14.3.1　安装 Node.js 环境

首先安装 Node.js。简单来说，Node.js 是运行在服务器端的 JavaScript 运行环境，它是基于 Chrome V8 引擎的 JavaScript 运行环境。Node.js 的软件包生态系统 npm 是一个丰富的开源库生态系统，其中包含大量的开源程序。

通过浏览器进入 Node.js 官网的下载界面，如图 14.9 所示，这里以 Windows 版本为例。

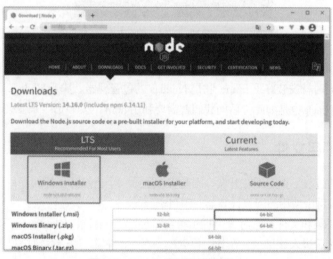

图 14.9　Node.js 官网的下载界面

通常直接选择 Windows 安装文件即可下载 Node.js。在桌面双击 Node.js 对应的图标以打开安装程序，安装界面如图 14.10 所示。依次单击"Next（下一步）"即可（可以选择自己希望的安装文件夹），直至安装完成。

< 239 >

图 14.10　Node.js 安装界面

　　安装完成后，可以先测试是否安装成功。打开 Windows 的命令提示符窗口。如果不知道命令提示符窗口在哪里，可以按 Win+R 快捷键打开"运行"对话框，在其中搜索 cmd。然后在命令提示符窗口中分别执行 node -v 命令和 npm -v 命令，以查看 node 和 npm 的版本号，如图 14.11 所示，这就表示 node 和 npm 都已安装成功。

图 14.11　通过命令提示符窗口验证安装是否成功

　　总结一下，先下载 Node.js 的 Windows（或其他操作系统）安装程序，然后在计算机上安装 Node.js。安装好了 Node.js，同时就安装好了 npm，它是 Node.js 的包管理器。基于 Node.js 开发的很多软件都会发布到 npm 上，webpack 也是如此。后面我们就需要利用 npm 的安装命令来安装 webpack。

14.3.2　准备项目文件

　　这里讲解构建的过程，重点不在开发，因此直接展示一个已经开发好的项目。读者可以在本书配套的资源中找到本实例中使用的网页计算器的项目资源。

　　下面准备项目目录和文件：通过命令提示符窗口创建一个目录 calculator，用于存放网页计算器项目的所有文件；然后进入该目录，在其中再创建一个 src 目录，用于存放项目的源代码文件。相关代码如下：

```
1    md calculator
2    cd calculator
3    md src
```

< 240 >

> **注意**
>
> md 命令的作用是在当前目录下创建目录，其后面接的是要创建的目录名称。cd 命令的作用是进入某个目录。目录也被称为文件夹。

在本书资源中找到网页计算器项目文件，将其放入 calculator 里的 src 目录中，其中包括一个 index.html 文件和一个 files 目录，files 目录中包括一个.scss 文件和两个 JS 文件。.scss 是 Sass 文件的默认扩展名，需要将.scss 文件编译为普通的 CSS 文件。.js 是 JS 文件的扩展名。其中的 script.js 是被 index.html 文件直接引用的，另一个 JS 文件（calculator-engine.js 文件）会被 script.js 文件引用。这个项目就包括这 4 个文件。

此实例的相关内容配置完成后，将会实现一个网页版的计算器，我们可以先看一下最终实现的效果，如图 14.12 所示，14.3.3 小节会继续介绍其实现过程。

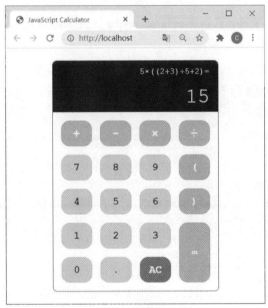

图 14.12　最终效果

14.3.3　安装 webpack 及相关组件

接下来在这个 calculator 目录夹中新建 3 个配置文件。它们都是文本文件，因此利用 VSCode 可以方便地创建它们。

1．package.json

第 1 个要创建的文件是 package.json，注意文件名必须是 package.json，它用于配置 webpack 以及相关的包，内容如下所示：

```
1   {
2     "name": "calculator",
3     "main": "index.js",
4     "description": "a web calculator",
5     "license": "CC",
6     "repository":"n/a",
7     "scripts": {
```

< 241 >

```
8        "serve": "webpack serve --open",
9        "build": "webpack"
10   }
11 }
```

上面代码中部分内容的含义如下。

- name：名称。
- main：入口文件。
- description：描述。
- license：授权方式。
- repository：源代码的仓库地址。
- scripts：定义可以执行的命令。全部文件配置好以后会用到该命令。

2．webpack.config.js

然后创建第 2 个文件，文件名必须是 webpack.config.js，它用于配置 webpack 自动化构建过程的具体行为，内容如下：

```
1  // 动态导入文件路径
2  const path = require('path')
3
4  // HTML 插件
5  const htmlwebpackPlugin = require('html-webpack-plugin');
6
7  // CSS 插件
8  const MiniCssExtractPlugin =
9      require("mini-css-extract-plugin");    //提取 CSS 插件到单独的文件中的插件
10 const OptimizeCssAssetsPlugin =
11     require('optimize-css-assets-webpack-plugin');//压缩 CSS 插件
12
13 module.exports = {
14   mode: 'production',                      //production 和 development
15   entry: './index.js',                     //webpack 打包时的入口文件
16   output: {
17     path: path.resolve(__dirname,'dist'),
18     filename: 'js/bundle.js'               //打包成功之后的文件名
19   },
20   module: {
21     rules: [
22      // 从右往左处理 loader
23       {
24         test: /.(css|scss)$/,
25         use: [MiniCssExtractPlugin.loader, "css-loader", "sass-loader"]
26       }
27     ]
28   },
29   // 插件
30   plugins: [
31     new htmlwebpackPlugin({
32       template: './src/index.html',
33       minify: {                            //压缩 HTML 文件
```

< 242 >

```
34          removeComments: true,              //删除注释
35          collapseWhitespace: true,          //删除空格
36          removeEmptyAttributes: true,       //删除空的属性
37        }
38      }),
39      new MiniCssExtractPlugin({
40        filename: "css/style.css",           //将文件都提取到 dist 目录下的 css 目录中
41      }),
42      new OptimizeCssAssetsPlugin()          //压缩 CSS 文件
43    ],
44    devServer: {
45      contentBase: path.resolve(__dirname, 'public'),
46      host: 'localhost',
47      inline: true,
48      port: 8081
49    }
50  }
```

3. 入口文件（index.js 文件）

最后创建第 3 个文件，即 index.js 文件，文件名和 package.json 中 main 项指定的文件名一致即可。它是 webpack.config.js 中指定的打包时的入口文件，二者需要一致。这个文件的内容就是计算器页面所需要的那个 style.scss 和 script.js 文件的内容。不必引入 calculator-engine.js，webpack 会自动分析引入关系，我们只需要把入口文件"告诉"webpack 就可以了。index.js 文件的内容如下：

```
1  import './src/files/style.scss'
2  import './src/files/script.js'
```

上述 3 个配置文件都创建好以后，目录结构如图 14.13 所示，3 个配置文件的目录与 src 目录并列。

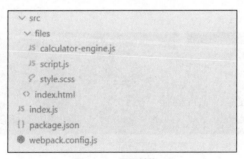

图 14.13　目录结构

4. 安装依赖包

接下来就可以通过 npm 的 install 命令来安装需要的依赖包了，共要安装如下 3 类（共 9 个）依赖包。

- 安装 webpack。
  - ◆ webpack。
  - ◆ webpack-cli（webpack 命令行工具）。
  - ◆ webpack-dev-server（webpack 开发服务器）。
- 安装 HTML 的相关组件。
  - ◆ html-webpack-plugin。

< 243 >

- 安装 Sass 和 CSS 的相关组件。
  - ♦ node-sass。
  - ♦ css-loader。
  - ♦ sass-loader。
  - ♦ mini-css-extract-plugin。
  - ♦ optimize-css-assets-webpack-plugin。

每一个依赖包的安装方法基本相同，都是使用 npm 的 install 命令，例如安装其中的 webpack 的命令如下所示：

```
npm install webpack --save-dev
```

命令提示符窗口的显示结果如图 14.14 所示。

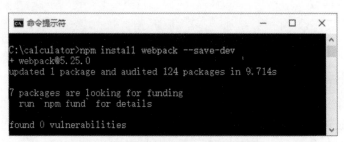

图 14.14　在命令提示符窗口中安装 webpack

每次安装依赖包时，只须把上述命令中的 webpack 换成相应的依赖包名称即可。名称后面的 --save-dev 表示每安装一个依赖包，就把相应的配置写入 package.json 文件。例如只需要把 webpack 换成 webpack-cli，就可以安装 webpack-cli 了，如图 14.15 所示。

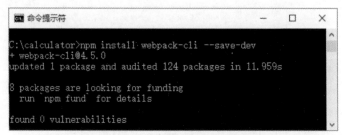

图 14.15　在命令提示符窗口中安装 webpack-cli

用同样的方法依次把这 9 个依赖包安装好，所有的配置和安装组件的过程就完成了。

14.3.4　预览与调试

自动化构建可以被应用到开发调试工作中，可以实现开发时的"热更新"，即随时查看浏览器中的效果。

在命令提示符窗口中执行 npm run serve，会自动打开默认浏览器并访问 http://localhost，此时就可以看到实际的计算器实例的运行结果了。如果系统的默认浏览器不是 Chrome 浏览器，则可以把默认浏览器设为 Chrome 浏览器。图 14.16 所示为在浏览器中访问 webpack 开发服务器所提供的 Web 服务。

< 244 >

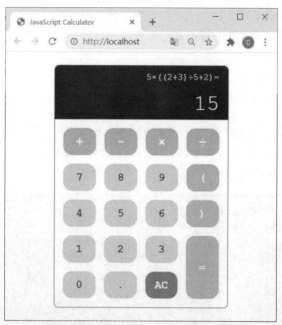

图 14.16　在浏览器中访问 webpack 开发服务器所提供的 Web 服务

这时，假设我们正在开发这个页面，可以直接修改 src 文件夹下 index.html 中的代码，甚至不需要按 Ctrl+S 快捷键进行保存，因为 webpack 开发服务器会随时监控页面对应的代码的变化，只要页面对应的代码做了修改，浏览器中的页面效果就会立刻更新，如图 14.17 所示。

图 14.17　修改代码后浏览器可以立即显示修改的效果

例如我们在 index.html 中把数字键 7 改为字母 A，或者修改 style.scss 中数字键的背景色，都是一经修改效果就会马上体现在浏览器中，非常方便。

< 245 >

这个特性被称为热更新，就是在开发过程中，浏览器中可以随时显示最新的效果。

执行 npm run serve 命令后，webpack 开发服务器需要一直处于运行状态才能随时监控代码的变化，实现热更新。如果要停止 webpack 开发服务器的运行，则可以在命令提示符窗口中按 Ctrl+C 快捷键。

14.3.5 打包

不仅可以在开发、调试的时候方便地预览页面效果，还可以在开发完成后生成用于生产环境的代码，也就是把项目打包输出，在命令提示符窗口中执行 npm run build 命令，效果如图 14.18 所示。

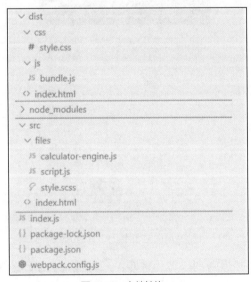

图 14.18 执行 npm run build 命令

打包完成后，在 calculator 目录中自动生成了一个 dist 目录，里面包含的就是打包完成后的所有文件，可以用于实际的生产环境。目前整个项目目录下的所有文件结构如图 14.19 所示。

图 14.19 文件结构

< 246 >

在 calculator 目录中有 4 个文件和 3 个子目录。

- 4 个文件中有 3 个文件是我们手动创建并编辑的，另一个 package-lock.json 文件是在安装 webpack 的过程中自动创建的，一般不用改变它。

- src 子目录中存放的是项目的源代码文件，我们的开发工作实际上就是在编写这个目录中的各种文件。目前其中包含一个网页文件 index.html，以及它所依赖的一个 Sass 文件和两个 JS 文件。

- dist 子目录中存放的是通过 webpack 打包后产生的文件，包括可以用于生产环境的所有文件。目前配置产生的是网页文件 index.html，以及 css 和 js 两个子目录，它们中分别存放着打包后产生的 CSS 文件和 JS 文件。

- node_modules 子目录中存放的是 webpack 的各种组件，一般不需要手动改变。

由于这个项目是一个"纯前端"项目，因此直接用浏览器打开 index.html 网页文件，就可以实际使用这个计算器了。

此外，我们仔细看一下 dist 目录中的具体情况，可以发现原来的两个 JS 文件现在变成了一个，而且没有了空格、换行符等字符，仔细看还会发现 index.html 和 style.css 文件中也都删除了空格、换行符等字符，以使文件的体积尽可能小。通常把自动化构建的整个过程称为打包，具体包括合并、压缩等步骤。

打包以后，原来的两个 JS 文件中的代码就变成了图 14.20 所示的样子，这种代码是不便于阅读和调试的，专门用来在浏览器中显示。

图 14.20　打包后的 JavaScript 代码

< 247 >

本章小结

　　本章介绍了与前端工程化相关的知识和技术，这部分的重点是项目配置，相关的内容非常繁杂，通常需要开发人员根据具体的项目来选择相应的工具和技术。因此本章主要进行简单的讲解，以使读者对此有感性的认识，进而便于在具体的实践开发工作中比较方便地找到适当的处理方法。

< 248 >